Die Deutsche Bibliothek - CIP-Einheitsaufnahme

Mojsilović Nebojša, Marti Peter:
Versuche an kombiniert beanspruchten Mauerwerkswänden /
Nebojša Mojsilović; Peter Marti. Institut für Baustatik und
Konstruktion, Eidgenössische Technische Hochschule (ETH) Zürich. -
Basel ; Boston ; Berlin : Birkhäuser, 1994
  (Bericht / Institut für Baustatik und Konstruktion, ETH Zürich ; Nr. 203)

NE: Institut für Baustatik und Konstruktion <Zürich>: Bericht

Dieses Werk ist urheberrechtlich geschützt. Die dadurch begründeten Rechte, insbesondere die
der Uebersetzung, des Nachdrucks, des Vortrags, der Entnahme von Abbildungen und Tabellen,
der Funksendung, der Mikroverfilmung oder der Vervielfältigung auf anderen Wegen und der
Speicherung in Datenverarbeitungsanlagen, bleiben, auch bei nur auszugsweiser Verwertung,
vorbehalten. Eine Vervielfältigung dieses Werkes oder von Teilen dieses Werkes ist auch im
Einzelfall nur in den Grenzen der gesetzlichen Bestimmungen des Urheberrechtsgesetzes in der
jeweils geltenden Fassung zulässig. Sie ist grundsätzlich vergütungspflichtig. Zuwiderhandlungen
unterliegen den Strafbestimmungen des Urheberrechts.
© Springer Basel AG 1994
Ursprünglich erschienen bei Birkhäuser Verlag Basel 1994
Gedruckt auf säurefreiem Papier

ISBN 978-3-7643-5060-4   ISBN 978-3-0348-5611-9 (eBook)
DOI 10.1007/978-3-0348-5611-9

9 8 7 6 5 4 3 2 1

Versuche an kombiniert beanspruchten Mauerwerkswänden

Nebojša Mojsilović, mr sci., dipl. ing.
Prof. Dr. Peter Marti

Institut für Baustatik und Konstruktion
Eidgenössische Technische Hochschule Zürich

Zürich
April 1994

Vorwort

Mauerwerksbau ist eine traditionelle, äusserst anpassungsfähige und wirtschaftliche Bauweise mit beträchtlichem Potential für künftige Entwicklungen. In der Schweiz nimmt Mauerwerk nach Beton im umsatzmässigen Vergleich aller Baumaterialien den zweiten Platz ein. Die übliche Bemessungspraxis von Mauerwerk ist allerdings konservativ. Das Potential von Mauerwerk ist noch nicht ausgeschöpft.

Die hier beschriebenen Versuche wurden im Rahmen der ersten Phase des von mir geleiteten Forschungsprojekts "Mauerwerk unter kombinierter Beanspruchung" durchgeführt. Damit wird eine traditionelle, unter meinem Vorgänger, Prof. Dr. Bruno Thürlimann etablierte Forschungsrichtung am Institut für Baustatik und Konstruktion der ETH Zürich weitergeführt. Die Interpretation der Versuchsergebnisse und ergänzende theoretische Untersuchungen sollen von Herrn Mojsilović etwa Mitte 1995 in Form einer Dissertation veröffentlicht werden.

Zürich, April 1994   Prof. Dr. Peter Marti

Inhaltsverzeichnis

1	**Einleitung**	1
	1.1 Hintergrund	1
	1.2 Problemstellung und Zielsetzung	1
	1.3 Versuchsprogramm	1
2	**Baustoffe**	4
	2.1 Steine	4
	2.2 Mörtel	6
	2.3 Lagerfugenbewehrung	8
	2.4 Spannglieder	9
3	**Versuchskörper**	10
	3.1 Kleinkörperversuche	10
	3.2 Wandversuche	11
4	**Versuchsdurchführung**	13
	4.1 Kleinkörperversuche	13
	4.1.1 Versuchsanlage und Belastungseinrichtung	13
	4.1.2 Versuchsvorbereitung und -ablauf	14
	4.1.3 Messungen	15
	4.2 Wandversuche	16
	4.2.1 Versuchsanlage und Belastungseinrichtung	16
	4.2.2 Versuchsvorbereitung und -ablauf	19
	4.2.3 Messungen	20
5	**Versuchsresultate**	22
	5.1 Auswertung der Verformungsmessungen	22
	5.2 Kleinkörperversuche	22
	5.2.1 Mauerwerkskennwerte	22
	5.2.2 Trag- und Bruchverhalten	29
	5.3 Wandversuche	39
	5.3.1 Trag- und Bruchverhalten	39
	5.3.2 Horizontale Auslenkungen und Exzentrizitäten der Normalkraft	48
	5.3.3 Exzentrizität-Krümmungs-Beziehungen	63
	5.3.4 Exzentrizität-Verdrehungs-Beziehungen	71
	Zusammenfassung	73
	Résumé	75
	Summary	77
	Verdankungen	79
	Literatur	80
	Bezeichnungen	82
	Anhang A Ausgleich der gemessenen Werte	84
	Anhang B Bestimmung des Verzerrungsfeldes	87
	Anhang C Verzerrungs- und Spannungstransformation	90

1 Einleitung

1.1 Hintergrund

In der Zeit von 1974 bis 1990 wurden am Institut für Baustatik und Konstruktion der ETH Zürich unter der Leitung von Prof. Dr. Bruno Thürlimann verschiedene Forschungsarbeiten zur Untersuchung des Tragverhaltens von Mauerwerk durchgeführt [1-17]. Diese Arbeiten haben ihren Niederschlag in der SIA-Norm 177/2 (1992) gefunden [18, 19]. Die bisherige Forschung konzentrierte sich primär auf die Beanspruchung von Mauerwerkswänden durch exzentrische Normalkräfte [1-7] und zentrische Scheibenkräfte [8-15]; ausserdem wurde eine Bruchbedingung für querbelastete Mauerwerkswände ausgearbeitet [16, 17].

1.2 Problemstellung und Zielsetzung

Die Bemessung von Mauerwerkswänden erfolgt gemäss SIA-Norm 177/2 (1992) [18] getrennt für die Beanspruchung durch exzentrische Normalkräfte einerseits und Normal- und Schubkräfte andererseits. Die Zielsetzung des Forschungsprojektes "Mauerwerk unter kombinierter Beanspruchung" besteht darin, die dieser Norm zugrundeliegenden Vorstellungen für den allgemeinen Fall kombinierter Beanspruchung mit theoretischen und experimentellen Untersuchungen zu verallgemeinern und entsprechende Bemessungsverfahren für die Praxis auszuarbeiten. Dabei wird unbewehrtes, bewehrtes und vorgespanntes Mauerwerk aus Backsteinen, Zement- und Kalksandsteinen in die Betrachtung einbezogen.

1.3 Versuchsprogramm

Das experimentelle Forschungsprogramm ist in den Tabellen 1 und 2 zusammengefasst. Insgesamt wurden 28 Mauerwerkswände und 20 Kleinkörper geprüft.

Wandversuche

Bild 1 zeigt die den Wandversuchen zugrundeliegende Problemstellung. Die Scheibenkräfte N und V verursachen ein unter dem Winkel α zur Vertikalen geneigtes Druckspannungsfeld. Rotation um die z-Achse führt zu den in den Wandversuchen geprüften Elementen mit unter dem Winkel α zur Horizontalen geneigten Lagerfugen.

Einleitung

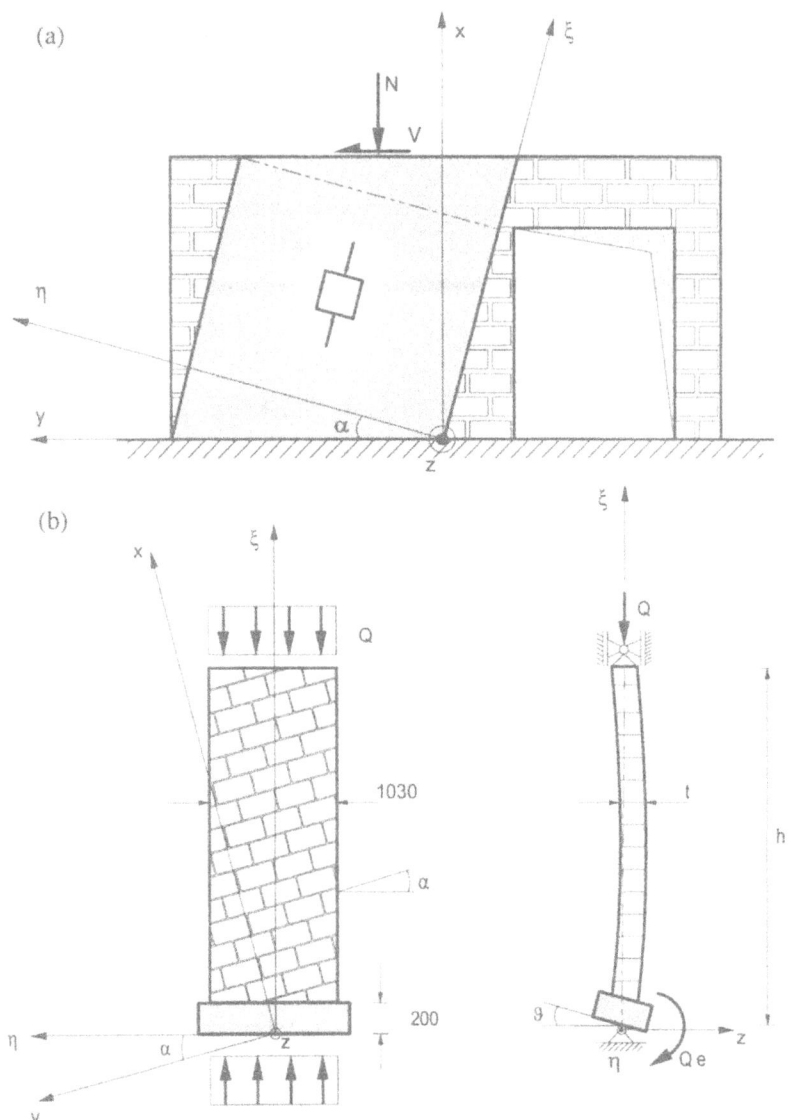

Bild 1- Problemstellung: (a) Druckspannungsfeld infolge Scheibenbeanspruchung
(b) Prinzip der Wandversuche

Versuch	Z						K								B													
	1	2	3	4	5	6	1	2	3	4	5	6	7	8	1	2	3	4	5	6	7	8	9	10	11	12	13	14
Steinsorte	Zementstein						Kalksandstein								Backstein													
h [m]	2.60						2.60						5.00		2.60												5.00	
Bewehrung	-						-								-						+						-	
Vorspannung	-						-						+		-												+	
Q [MN]	.1	.3	.1	.3	.1	.3	.1	.3	.1	.3	.1	.3	.12	.36	.1	.3	.1	.3	.1	.3	.4	.3	.1	.3	.36	.12	.36	
α [°]	0		15		30		0		15		30		0		0		15		30				45		0			

Tabelle 1- Wandversuche

Die stockwerkshohen Wände wurden zunächst einer Normalkraft Q unterworfen, die in der Folge konstant gehalten wurde. Anschliessend wurde die Fussverdrehung ϑ durch Aufbringen eines Momentes Q·e sukzessive gesteigert, bis ein Versagen auftrat.

Als Versuchsparameter wurden die Steinsorte, die Wandhöhe (h), das Normalkraftniveau (Q), die Neigung der Lagerfugen (α) sowie die Verstärkung der Wände mit Bewehrung oder Vorspannung gewählt.

Kleinkörperversuche

Als Hilfsversuche wurden insgesamt 20 Kleinkörper mit einer Höhe von 1.30 m und einer Breite von 1.29 m einer sukzessive gesteigerten zentrischen Belastung unterworfen. Durch Variation der Lagerfugenneigung (α) konnten die Mauerwerksfestigkeitswerte (f_x, f_y) und die Fugenparameter (c, φ) bestimmt werden [11].

Zusätzlich wurde die Mauerwerksfestigkeit nach den RILEM-Empfehlungen [20] gemessen.

α [°]	0	15	30	45	60	75	90
Zementstein	KZ00	KZ15	KZ30	KZ45	KZ60		
Kalksandstein	KK00	KK15	KK30	KK45	KK60		KK90
Backstein (unbewehrt)	KB00	KB15	KB30	KB45	KB60	KB75	KB90
Backstein (bewehrt)			KB30B	KB45B			

Tabelle 2- Kleinkörperversuche

2 Baustoffe

2.1 Steine

Fünf Steintypen wurden verwendet:

- Zementsteine ZN15 mit dem Format 250/150/135 mm und einem auf die Bruttoquerschnittsfläche A bezogenen Lochanteil von 20%;

- Kalksandsteine KN15 mit dem Format 250/145/135 mm und einem Lochanteil von 20%;

- für die vorgespannten Kalksandsteinwände Premur-Kalksandsteine KH18 mit dem Format 250/180/135 mm und einem Lochanteil von 18%;

- Backsteine BN15 mit dem Format 250/150/135 mm und einem Lochanteil von 41%;

- und für die vorgespannten Backsteinwände Premur-Backsteine BH18 mit dem Format 250/180/135 mm und einem Lochanteil von 41%.

Abmessungen, Lochanteil, Saugfähigkeit, Dichte, Steinmasse, Druckfestigkeit und Querzugfestigkeit wurden durch Normprüfungen [21] ermittelt. Alle Resultate der Normprüfungen (Mittelwerte der Versuchsergebnisse) sind in der Tabelle 3 zusammengestellt.

Steinsorte	Zementstein	Kalksandstein		Backstein	
Bezeichnung	ZN15	KN15	KH18	BN15	BH18
Abmessungen [mm]	250x150x135	250x145x135	250x180x135	250x150x135	250x180x135
Steinmasse [kg]	9.0	7.7	9.7	4.7	5.7
Druckfestigkeit [MPa]	27.4	21.5	25.8	37.8	31.5
Querzugfestigkeit [MPa]	13.3	10.0	15.5	9.8	8.9
Spezifische Saugfähigkeit [g/m^{2}sec]	42	23	12	40	40
Scherbenrohdichte [kg/m^3]	2183	1994	1935	1604	1576
Lochflächenanteil [%]	20	20	18	41	41

Tabelle 3- Steinnormprüfungen

Die Steinformen können dem Bild 2 entnommen werden. Die Aussparungen der Zementsteine waren im Gegensatz zu jenen der Back- und Kalksandsteine nicht durchgehend.

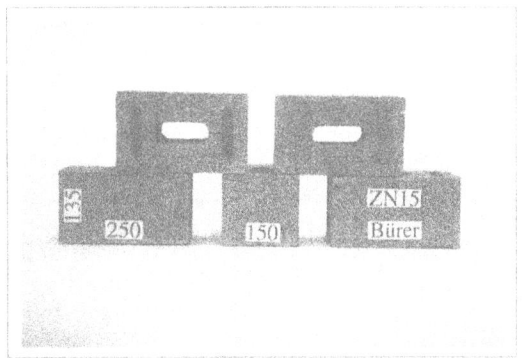

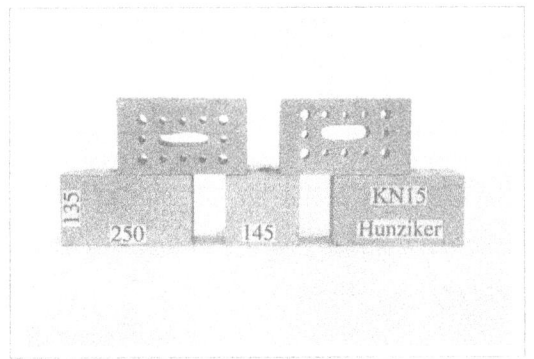

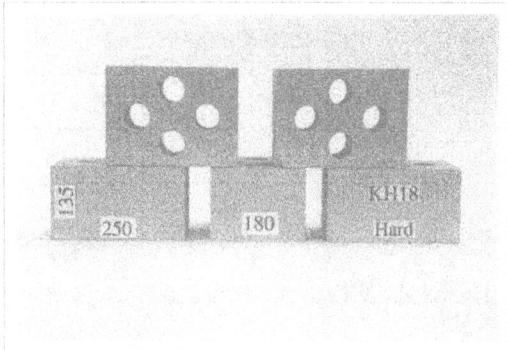

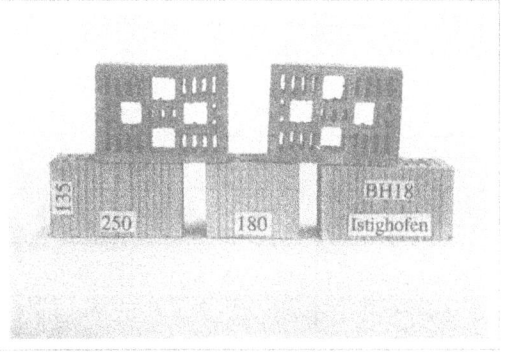

Bild 2- Steine

2.2 Mörtel

Es wurden drei handelsübliche Mauermörtelarten verwendet. Der Mörtel wurde trocken angeliefert und vor dem Vermauern in der Versuchshalle mit einem Durchlaufmischer vorbereitet. Biegezug- und Würfeldruckfestigkeit wurden für jeden Wand- oder Kleinkörperversuch an mindestens drei Mörtelprismen 160/40/40 mm bestimmt. Die Mittelwerte dieser Normprüfungen [21] sind in den Tabellen 4 bis 6 zusammengefasst.

Versuch	Probenanzahl	Prüfalter [Tage]	Biegezugfestigkeit [MPa]	Würfeldruckfestigkeit [MPa]
KZ00	6	28	2.9	10.1
KZ15	6	28	2.8	9.2
KZ30	6	28	3.0	9.7
KZ45	5	28	2.9	9.8
KZ60	6	28	3.2	9.8
Z1	3	39	3.4	9.8
Z2	3	38	3.7	9.3
Z3	3	38	3.3	10.8
Z4	3	37	3.5	10.5
Z5	3	37	2.9	10.6
Z6	3	36	2.8	8.3

Tabelle 4- Mörtelnormprüfungen *(Lentolit LZMM)*

Versuch	Probenanzahl	Prüfalter [Tage]	Biegezugfestigkeit [MPa]	Würfeldruckfestigkeit [MPa]
KK00	3	29	4.0	15.5
KK15	3	29	3.3	13.8
KK30	3	29	3.2	14.0
KK45	3	27	4.5	18.6
KK60	3	28	4.2	16.6
KK90	3	28	4.4	17.8
K1	3	28	4.6	20.2
K2	3	28	4.1	16.4
K3	3	33	3.7	13.8
K4	3	31	3.9	16.7

Tabelle 5- Mörtelnormprüfungen *(LAMITmur E74)*

Versuch	Probenanzahl	Prüfalter [Tage]	Biegezug-festigkeit [MPa]	Würfeldruck-festigkeit [MPa]
K5	3	31	3.9	13.6
K6	3	28	4.2	17.9
K7	3	35	3.8	15.9
K8	3	34	3.9	14.8

Tabelle 5- Mörtelnormprüfungen *(LAMITmur E74)*

Versuch	Probenanzahl	Prüfalter [Tage]	Biegezug-festigkeit [MPa]	Würfeldruck-festigkeit [MPa]
KB00	3	33	4.0	17.7
KB15	3	33	3.7	16.3
KB30	3	33	3.8	17.2
KB30B	3	32	4.6	19.1
KB45	3	32	4.2	17.8
KB45B	3	31	3.7	15.8
KB60	3	31	3.6	16.2
KB75	3	36	2.8	16.0
KB90	3	29	4.5	14.1
B1	3	31	4.0	18.1
B2	3	30	4.6	18.3
B3	3	30	4.2	18.9
B4	3	29	4.2	18.6
B5	3	29	4.3	19.2
B6	3	28	4.6	21.5
B7	3	31	4.8	17.2
B8	3	30	5.5	19.5
B9	3	30	5.3	22.0
B10	3	29	4.2	18.2
B11	3	29	4.1	18.4
B12	3	29	4.2	19.2
B13	3	32	4.4	16.7
B14	3	33	4.0	15.6

Tabelle 6- Mörtelnormprüfungen *(LAMITmur E75)*

2.3 Lagerfugenbewehrung

Für die bewehrten Versuchskörper wurde Murfor-Lagerfugenbewehrung (Murfor® Typ 5/10) [22] mit einem Stabdurchmesser von 5 mm benützt, siehe Bild 3.

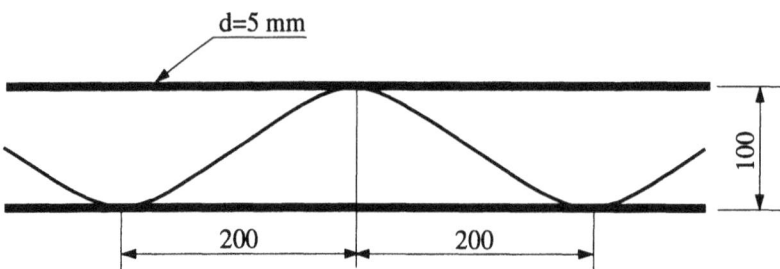

Bild 3- Lagerfugenbewehrung Murfor® Typ 5/10

An acht Proben mit einer Länge von 755 mm wurden Zugversuche zur Ermittlung der Spannungs-Dehnungs-Beziehung durchgeführt. In der ersten Belastungsphase wurden die Proben bis zur Proportionalitätsgrenze belastet. Nach einer Entlastung wurde die Messeinrichtung, welche die Aufnahme der Spannungs-Dehnungs-Beziehung ermöglichte (Feindehnungsmessung), abmontiert und die Probe anschliessend bis zum Bruch belastet. Vier von acht Proben brachen vor oder beim Erreichen der maximalen Kraft der ersten Phase. Die übrigen Proben wiesen eine maximale Verlängerung von 12 bis 22 mm, bzw. eine Dehnung von 16 bis 29‰ auf (siehe auch Bild 4). Sieben der acht Proben brachen an der Kontaktstelle zwischen dem geraden Eisen und dem an dieser Stelle angeschweissten Distanzhalter.

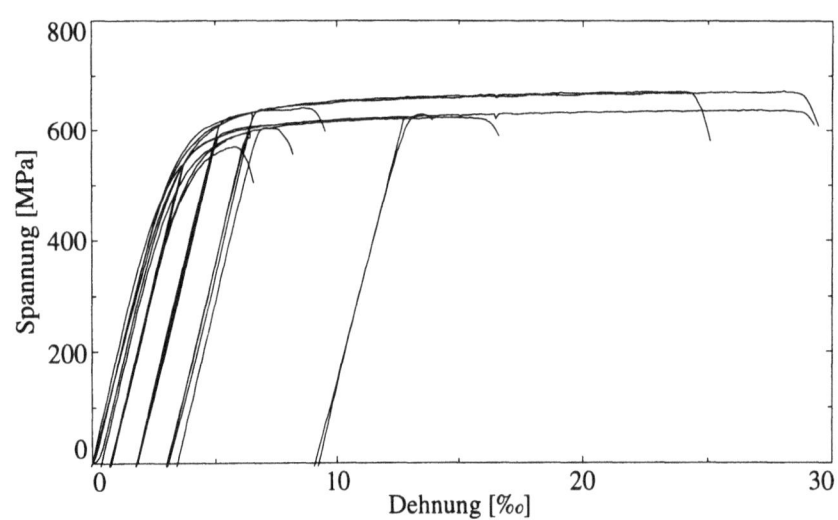

Bild 4- Lagerfugenbewehrung: Spannungs-Dehnungs-Diagramme

2.4 Spannglieder

Für die vorgespannten Wände aus Premur-Steinen [23] wurden je zwei in einem Abstand von 500 mm angeordnete Monolitzen mit einem Durchmesser von 0.6" (Querschnittsfläche = 150 mm^2) und einer garantierten Bruchlast von 265 kN [24] verwendet. An fünf Proben mit einer Länge von 805 mm wurden Zugversuche zur Ermittlung der Spannungs-Dehnungs-Beziehung durchgeführt. In der ersten Belastungsphase wurden die Proben bis zur Proportionalitätsgrenze belastet. Nach einer Entlastung wurde die Messeinrichtung, welche die Aufnahme der Spannungs-Dehnungs-Beziehung ermöglichte (Feindehnungsmessung), abmontiert und die Probe anschliessend bis zum Bruch belastet. Die Proben wiesen eine maximale Verlängerung von 44 bis 70 mm, bzw. eine Dehnung von 55 bis 87‰ auf (siehe auch Bild 5).

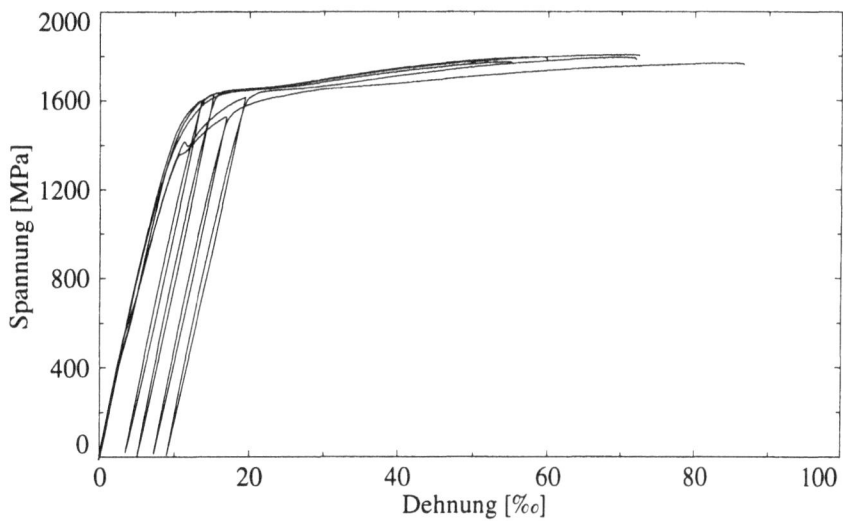

Bild 5- Vorspannlitzen: Spannungs-Dehnungs-Diagramme

3 Versuchskörper

Die Versuchskörper wurden als Einsteinmauerwerk im Läuferverband erstellt und bis zum Versuchsbeginn während mindestens 28 Tagen bei Raumtemperatur gelagert. Alle Versuchskörper für die Wandversuche wurden in der Versuchshalle der ETH Hönggerberg hergestellt. Dagegen wurden sowohl die Kleinkörper als auch die Versuchskörper für die RILEM-Versuche in der Versuchshalle des Prüf- und Forschungsinstitutes der Schweizerischen Ziegelindustrie in Sursee hergestellt.

3.1 Kleinkörperversuche

Die Kleinkörper massen 1290x1300 mm (Bild 6). Die Wanddicke (t) richtete sich nach der Steinsorte. Für Zement- und Backsteine betrug sie 150 mm und für Kalksandsteine 145 mm. Es wurden keine Kleinkörper mit Premur-Steinen geprüft. Die Mörtelfugen waren 10 mm stark. Die Stossfugen wurden mit einem auf jede Kante der Stossfugenfläche aufgetragenen Spatz ausgeführt.

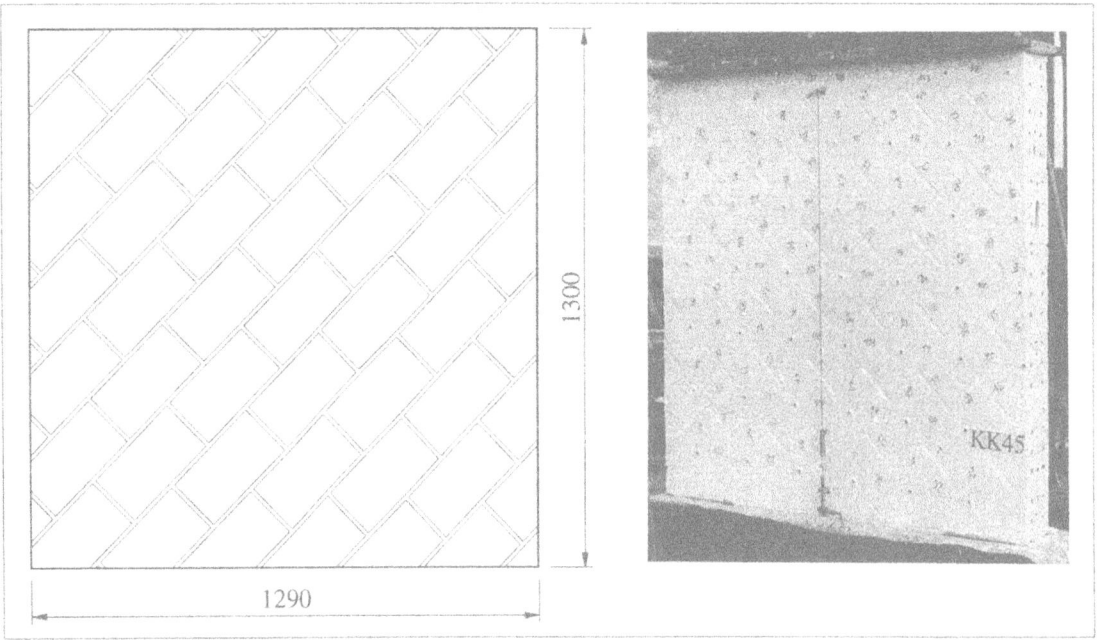

Bild 6 - Kleinkörper: $\alpha=45°$

Als Ergänzung zu den Kleinkörperversuchen wurden zusätzlich Versuche mit RILEM-Körpern [20] durchgeführt. Die Körper zur Bestimmung von f_x [18] waren zwei

Steine breit (510 mm) und sechs Steinlagen hoch (900 mm). Die Körper zur Bestimmung von f_y [18] waren vier Steinhöhen breit (600 mm) und dreieinhalb Steine hoch (930 mm). Es wurden jeweils drei Körper geprüft. Die aus diesen Versuchen gewonnenen Mauerwerksfestigkeiten dienten als Orientierung für die Festlegung des Belastungsablaufs der Kleinkörperversuche.

3.2 Wandversuche

Die Versuchswände wurden auf einem 200 mm hohen Stahlbetonsockel mit einer Grundrissfläche von 1200/400 mm aufgemauert. Aufbau und Abmessungen der Wände sind im Bild 7 festgehalten. Die vorgespannten Wände waren am oberen Ende mit einer 300 mm dicken Stahlbetonplatte versehen, welche die gewünschte Einleitung der Vorspannkraft an diesem Wandende ermöglichte.

Die Fugenausbildung war gleich wie bei den Kleinkörpern.

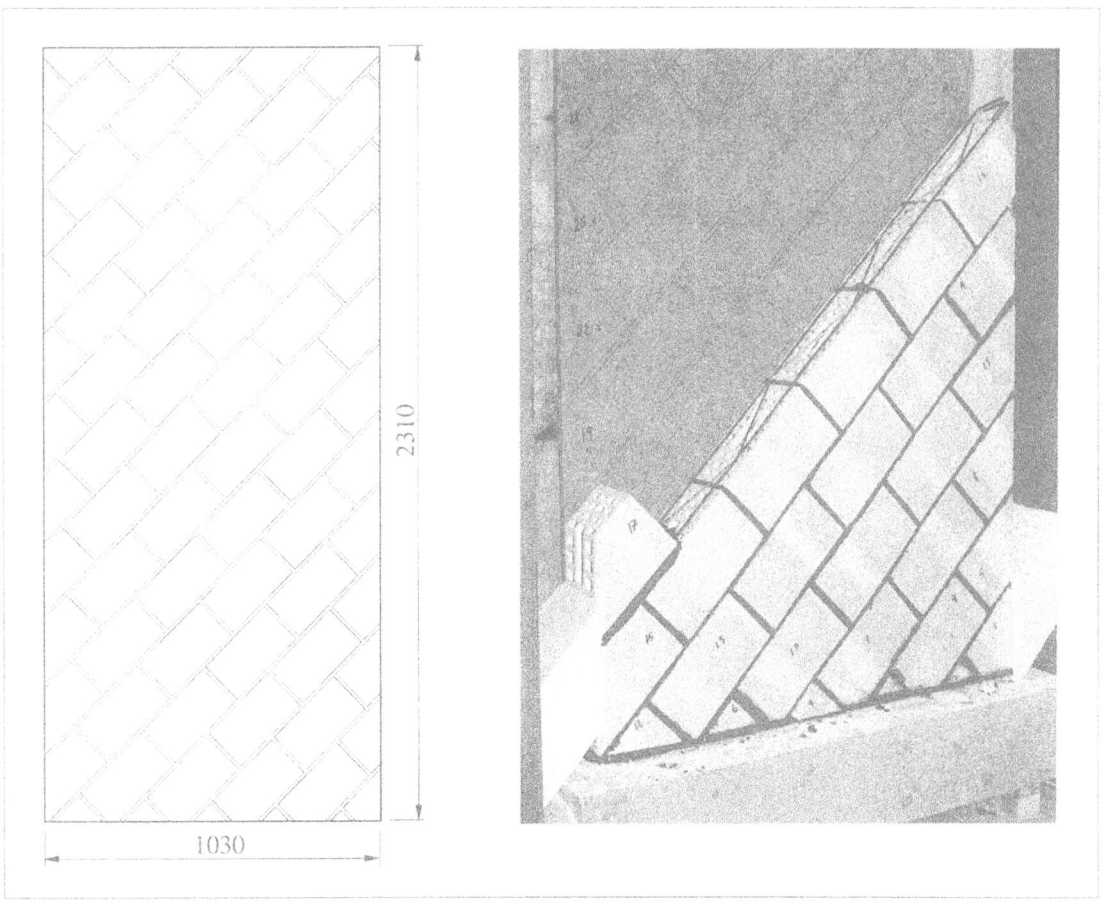

Bild 7- Stockwerkshohe Wand: α=45° und Aufbau der Wand B9

Das verwendete Vorspannsystem ist ein Patent von VSL International und den ZZ Ziegeleien [23]. Die Vorspannlitzen waren im Stahlbetonsockel und in der Stahlbetonplatte verankert. Die Verankerungen waren wiederverwendbar. Die Monolitzen verliefen durch Stahlpanzerrohre, die aus einen Meter langen Stücken zusammengesetzt und durch die speziell grossen Steinlöcher geführt worden waren (Bild 8). Die Röhren schützten die Litzen vor Schmutz und ermöglichten eine einwandfreie verbundlose Vorspannung [25-27].

Bild 8- Aufbau der vorgespannten Wände

4 Versuchsdurchführung

Die Versuche wurden auf dem Aufspannboden der Versuchshalle durchgeführt. Alle wichtigen Beobachtungen während des Versuches wurden in einem Versuchsprotokoll festgehalten.

4.1 Kleinkörperversuche

4.1.1 Versuchsanlage und Belastungseinrichtung

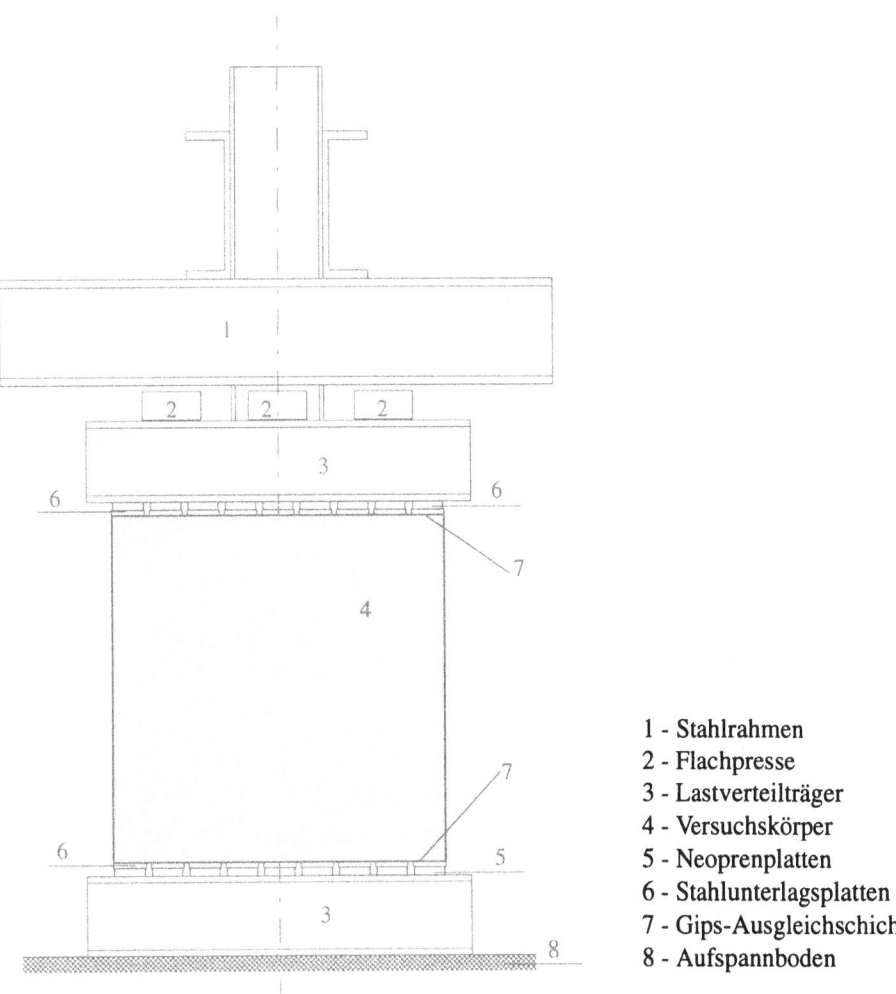

1 - Stahlrahmen
2 - Flachpresse
3 - Lastverteilträger
4 - Versuchskörper
5 - Neoprenplatten
6 - Stahlunterlagsplatten
7 - Gips-Ausgleichschicht
8 - Aufspannboden

Bild 9- Schema der Versuchsanlage für Kleinkörperversuche

Mit der in den Bildern 9 und 10 dargestellten Versuchsanlage konnten die Kleinkörper mit einer zentrischen Normalkraft verformungsgesteuert belastet werden. Eine Gips-Ausgleichschicht, Neoprenplatten und Stahlunterlagsplatten bildeten den Übergang von den Kleinkörpern zu den Lastverteilträgern. Die Krafteinleitungszone wurde auf diese Weise ausgebildet, um die Querdehnungen der Prüfkörperränder möglichst nicht zu behindern.

Bild 10- Versuchsanlage für Kleinkörperversuche

Die Belastung wurde über ein Pendelmanometer auf drei bzw. vier 1000 kN-Flachpressen aufgebracht, die zwischen dem oberen Lastverteilträger und dem Belastungsrahmen eingebaut wurden.

4.1.2 Versuchsvorbereitung und -ablauf

Um die Rissentwicklung möglichst gut verfolgen zu können, wurde die Wand vor dem Einbau in die Versuchsanlage mit weisser Farbe angestrichen. Ferner wurden Aluminiumbolzen für die Verzerrungsmessungen aufgeklebt (siehe Abschnitt 4.1.3).

Beim Einbau der Wand in die Versuchsanlage wurde zunächst eine Gips-Ausgleichschicht auf den Stahlunterlagsplatten über dem unteren Lastverteilträger aufgebracht. Danach wurde der Körper darauf gestellt, eine zweite Gips-Ausgleichschicht wurde eingebracht und die Stahlunterlagsplatten, der obere Lastverteilträger und die Pressen wurden abgesetzt.

Nach dem Erhärten der Gipsschichten wurde die Wand stufenweise bis zum Bruch belastet. Die Belastung erfolgte verformungsgesteuert mit einer Belastungsgeschwindigkeit von anfänglich etwa 130 kN/min und etwa 25 kN/min in der Nähe der Bruchlast. Durchschnittlich wurden sechs Laststufen pro Versuch durchgeführt. Eine Laststufe dauerte ca. 20 bis 30 min.

Die Kleinkörper KK90 und KB90 wurden vor dem Einbau in der Anlage quer vorgespannt (siehe Bild 11) und zwar mit einer Vorspannkraft von 10% der Bruchlast der Körper KK00 bzw. KB00 [18].

Bild 11- Kleinkörperversuche: Quervorspannung

4.1.3 Messungen

Folgende Grössen wurden gemessen:

- Normalkraft: Die aufgebrachte Belastung wurde mit Hilfe des Öldruckes über das Pendelmanometer und einen induktiven Flüssigkeitsdruckgeber gemessen.

- Vertikale Verkürzung des Versuchskörpers: Diese mit einem induktiven Wegaufnehmer durchgeführte Messung diente als Information für die Versuchssteuerung. Sie wurde zur permanenten Versuchsüberwachung zusammen mit der Normalkraft mit einem x-y-Schreiber aufgezeichnet.

- Verzerrungen: Dehnungen und Schiebungen wurden an einer Wandoberfläche gemessen. Dazu wurde ein Messnetz, das im Bild 12 dargestellt ist, angeordnet. Induktive Deformeter mit Basislängen von 195 und 260 mm wurden auf Aluminiumbolzen aufgesetzt, die auf die Steinmitten geklebt worden waren.

- Rissweiten: Nach jeder Laststufe wurden die Risse mit einem Filzstift auf den Wandoberflächen nachgezeichnet. Anschliessend wurde der Versuchskörper fotografiert.

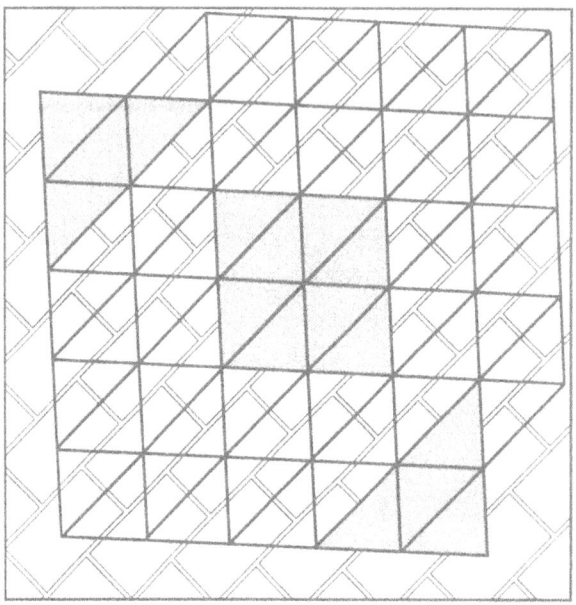

Bild 12- Kleinkörperversuche: Messnetz α=45°

4.2 Wandversuche

4.2.1 Versuchsanlage und Belastungseinrichtung

Die Versuchsanlage wurde bereits für die Versuche im Rahmen des Forschungsprojektes "Rotationsfähigkeit von Mauerwerk" eingesetzt [1, 2, 4]. Für die vorliegende Versuchsserie wurde diese Anlage leicht modifiziert, siehe Bilder 13 und 14.

Die Einleitung der Normalkraft Q am oberen Wandende erfolgte zentrisch über eine Stahlplatte mit Linienschneidenlager. Über dem Lager wurde ein Lastverteilträger angeordnet. Der Lastverteilträger wurde mit zwei über ein Pendelmanometer gesteuerten Zugkolben und zwei Zugstangen, die unterhalb des Aufspannbodens verankert wurden, belastet.

Die obere Belastungseinrichtung wurde über zwei Ausleger zur Aufnahme der kleinen horizontalen Kraftkomponenten an einem Stützrahmen gelenkig befestigt. Sie konnte zusammen mit den Kolben zwecks Einbaus der Versuchskörper nach oben ausgeschwenkt werden.

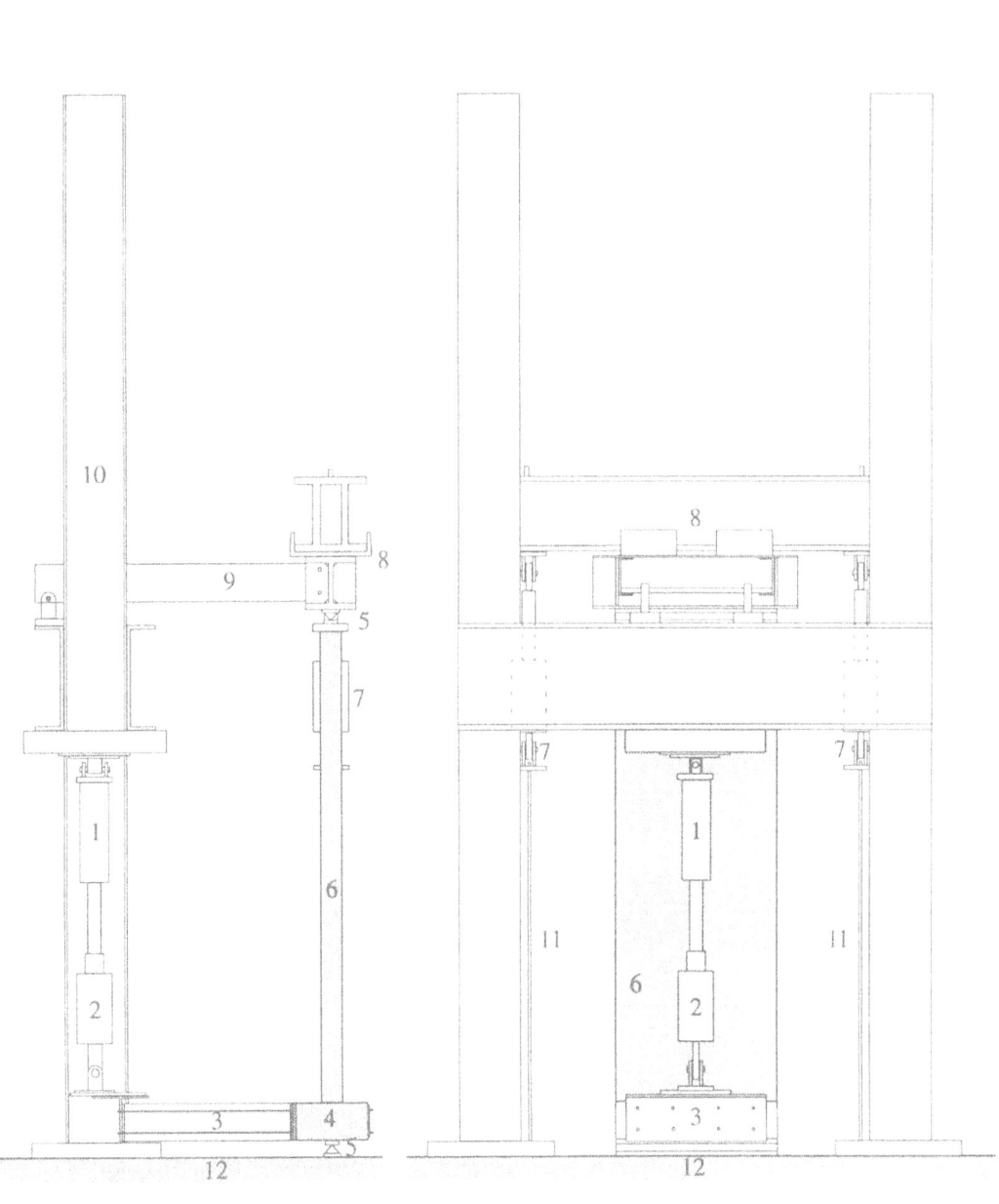

Bild 13- Schema der Versuchsanlage für Wandversuche

Am unteren Wandende wurde ein Stahlrahmen (sog. Verdrehungsrahmen) mittels Spannstangen mit dem Stahlbetonsockel verbunden. An diesem Rahmen griff über ein Kugelgelenk ein Kolben an, der am Stützrahmen gelenkig aufgehängt war. Der die Fussverdrehung ϑ hervorrufende Kolbenweg wurde mit einer Handpumpe gesteuert.

Versuchsdurchführung

(a) Gesamtansicht der Anlage

(b) Verdrehungsrahmen

(c) Pendelmanometer

(d) Messdatenerfassung

Bild 14- Versuchsanlage für Wandversuche

4.2.2 Versuchsvorbereitung und -ablauf

Die Versuchswand wurde auf dem Stahlbetonsockel aufgemauert, mit diesem als Einheit in die Versuchsanlage eingehoben und auf dem unteren Linienschneidenlager fixiert. Anschliessend wurde der Verdrehungsrahmen mit dem Sockel durch vorgespannte Stangen verbunden. Nach dem Zentrieren des oberen Wandendes wurde die Belastungseinrichtung für die Normalkraft mit einer Mörtelzwischenschicht aufgesetzt.

Um die Rissentwicklung möglichst gut verfolgen zu können, wurde die Wand vor dem Einbau mit weisser Farbe angestrichen.

Das Vorspannen der Wände B11 bis B14 und K7 bis K8 erfolgte vor dem Einbau in die Anlage mit Hilfe einer von einer Handpumpe gespiesenen Einzellitzen-Spannpresse [24]. Zuerst wurde eine Litze bis zu einer Kraft von ca. 50 kN vorgespannt. Danach wurde an der zweiten Litze die volle Kraft von 100 kN (ca. 40% ihrer Bruchkraft) aufgebracht. Anschliessend wurde die erste Litze bis zu 100 kN nachgespannt. Danach wurden die Kräfte in den Litzen gemessen und durch Nachspannen möglichst genau auf je 100 kN justiert. Der Verlauf der Vorspannkräfte während der Versuche ist im Bild 15 dargestellt.

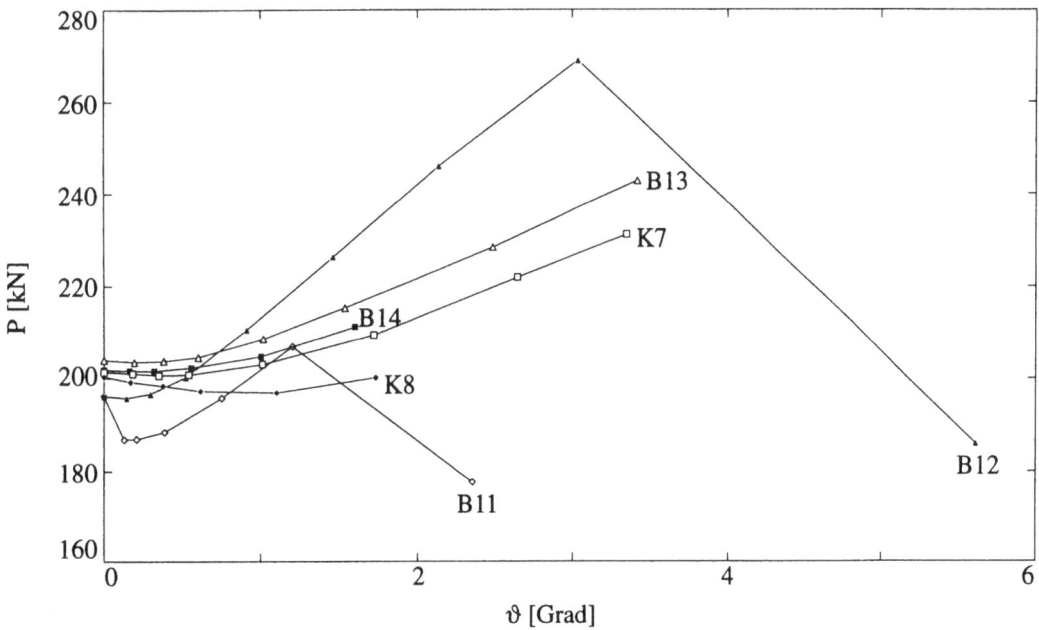

Bild 15- Gemessene Vorspannkräfte P (Summe beider Litzen) in Abhängigkeit der Fussverdrehung ϑ

Nach dem Aufbringen der Normalkraft Q wurde die Fussverdrehung ϑ sukzessive (verformungsgesteuert) gesteigert. Als Steuergrösse wurde der Weg des Verdrehungskolbens benützt. Während eines Messvorganges wurde die Fussverdrehung konstant gehalten. Die dabei auftretende Relaxation wurde gemessen. Der zeitliche Ablauf der

Versuchsdurchführung

Belastung ist im Bild 16 dargestellt. Die Belastung erfolgte mit einer Belastungsgeschwindigkeit von ca. 0.05 °/min. Es wurden durchschnittlich elf Laststufen pro Versuch durchgeführt. Eine Laststufe dauerte ca. 40 bis 50 min.

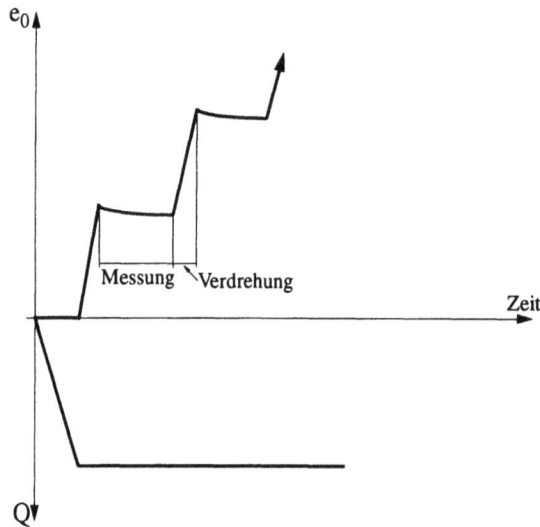

Bild 16- Wandversuche: Versuchsablauf

4.2.3 Messungen

Folgende Grössen wurden gemessen:

- Normalkräfte: Die aufgebrachten Kräfte wurden an beiden Hydraulikzylindern mit Hilfe von Kraftmessdosen gemessen. Die Kraft im Verdrehungskolben wurde ebenfalls mit Hilfe einer Kraftmessdose gemessen.

- Fussverdrehung: Der Verdrehungswinkel wurde mit einem elektronischen Klinometer an beiden Rändern des Stahlbetonsockels gemessen. Als Kontrollmessung und zur Versuchssteuerung wurde der Verdrehungskolbenweg mit einem induktiven Wegaufnehmer gemessen. Der Verdrehungskolbenweg wurde zur permanenten Versuchsüberwachung zusammen mit der Verdrehungskraft mit einem x-y-Schreiber aufgezeichnet.

- Durchbiegungen: Horizontale Auslenkungen wurden gegen einen Messrahmen mit einer induktiven Messstange ermittelt.

- Verzerrungen: Auf beiden Wandoberflächen wurden Aluminiumbolzen aufgeklebt, deren Relativverschiebungen mit Deformetern gemessen wurden. Die Messnetze für $\alpha=0°$ und $\alpha=30°$ sind im Bild 17 dargestellt. Aus den Verformungen der Messnetze ergaben sich mittlere Dehnungen und Schiebungen (siehe Anhänge).

- Rissweiten: Nach jeder Laststufe wurden die Risse mit einem Filzstift auf der Wand nachgezeichnet. Die Rissweiten wurden mit einem Rissmassstab gemessen. Anschliessend wurde die Wand fotografiert. In diesem Bericht werden nur ausgewählte Werte der Rissweitenmessungen erwähnt.

- Vorspannkräfte: Die Kräfte in den Litzen wurden mit Hilfe von Kraftmessdosen gemessen, die zwischen dem Kopf der Verankerung und einer Stahlunterlageplatte in der oberen Stahlbetonplatte eingebaut wurden.

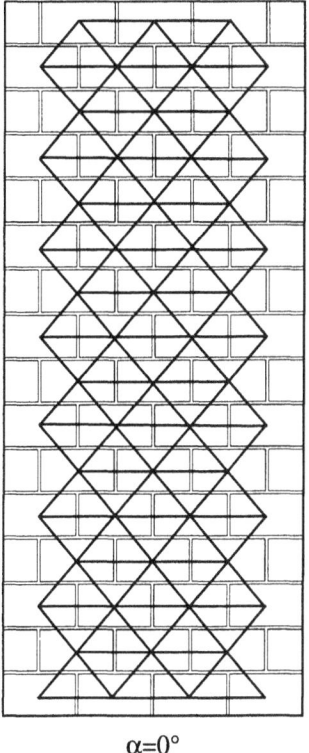 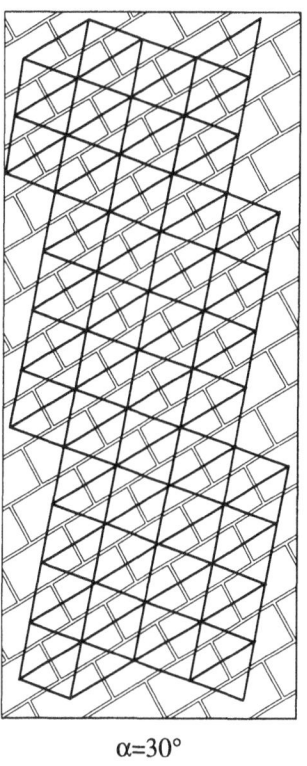

α=0°   α=30°

Bild 17- Wandversuche: Messnetze

5 Versuchsresultate

5.1 Auswertung der Verformungsmessungen

Die Messwerte standen als elektrische Spannungen an und mussten mittels eines Proportionalitätsfaktors in die gewünschten Einheiten (Promille bzw. mm) umgerechnet werden. Damit auch eine kontinuierliche Veränderung des Nullpunkts (durch Erwärmung oder elektrische Instabilität des Wegaufnehmers bzw. des Verstärkers) möglichst ausgeschlossen werden konnte, wurden jeweils nach 15 Messungen Referenzmessungen auf einer Invar-Basis durchgeführt. Diese Werte wurden dann im Auswerteprogramm als lineare Korrekturen berücksichtigt.

Die Messgenauigkeit der Messstangen betrug etwa 0.05 mm und diejenige der Deformeter 0.002 mm bzw. etwa 0.01‰. Die angegebenen Werte entsprechen den maximal möglichen Messfehlern über den ganzen Messbereich der Messgeräte. Da es sich bei den Deformeter- und Durchbiegungsmessungen um relative Messungen handelte, waren die tatsächliche Messfehler wesentlich kleiner als diese maximal möglichen Abweichungen.

Für den Ausgleich der Messfehler und die Ermittlung der Verschiebungen der Messnetzknoten bezüglich der unverschobenen Nullage wurde ein spezielles Computerprogramm benützt. Das Vorgehen ist im Anhang A im Detail beschrieben.

In einem weiteren Schritt wurden aus den Knotenverschiebungen des Messnetzes mittlere Verzerrungen berechnet. Dies erfolgte unter der Annahme, dass sich die Verschiebungen innerhalb der einzelnen Dreiecke im Netz linear verändern, die Verzerrungen mithin konstant sind. Im Anhang B wird das Verfahren erläutert.

5.2 Kleinkörperversuche

5.2.1 Mauerwerkskennwerte

Aus den Kleinkörperversuchen wurden Mauerwerksfestigkeitswerte f_x und f_y sowie Fugenparameter c und φ bestimmt. Alle berechneten Werte sind (auf die Bruttoquerschnittsfläche A bezogen und nach Steintyp geordnet) in den Tabellen 7 bis 9 und im Bild 18 dargestellt.

Versuch	Prüfalter [Tage]	Bruchlast [kN]	f_x [MPa]	f_y [MPa]	c [MPa]	φ [Grad]
KZ00	28	2460	12.7			
KZ15	33	1818		9.4		
KZ30	34	1415		7.3		
KZ30R	53	1385		7.2		
KZ45	58	1470			1.55	30.6
KZ60	60	1053				

Tabelle 7- Mauerwerkskennwerte: Zementsteinwände

Versuch	Prüfalter [Tage]	Bruchlast [kN]	f_x [MPa]	f_y [MPa]	c [MPa]	φ [Grad]
KK00	93	1990	10.6			
KK15	95	1020		5.5		
KK30	97	825		4.4		
KK45	97	567			0.38	36.9
KK60	97	289				
KK90	40	1409		7.5		

Tabelle 8- Mauerwerkskennwerte: Kalksandsteinwände

Versuch	Prüfalter [Tage]	Bruchlast [kN]	f_x [MPa]	f_y [MPa]	c [MPa]	φ [Grad]
KB00	55	1822	9.4			
KB15	56	1382		7.1		
KB30	58	1033		5.3		
KB30B	62	1165		6.0		
KB45	60	767		4.0		
KB45B	62	769		4.0		
KB60	60	667			0.48	49.6
KB75	38	544				
KB90	29	674		3.5		

Tabelle 9- Mauerwerkskennwerte: Backsteinwände

Versuchsresultate

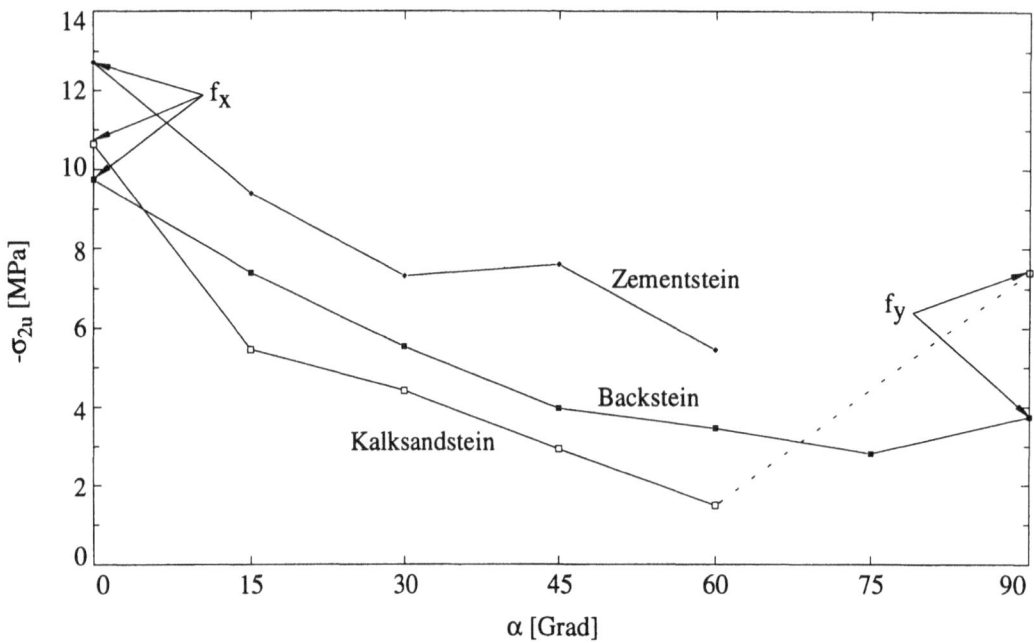

Bild 18- Kleinkörperversuche: Bruchspannungen in Abhängigkeit der Lagerfugenneigung

Für unbewehrtes Mauerwerk ohne Zugfestigkeit gelten im ebenen Spannungszustand folgende Beziehungen [11]:

$$(I) \quad \tau_{xy}^2 - \sigma_x \sigma_y \leq 0$$

$$(II) \quad \tau_{xy}^2 - (\sigma_x + f_x) \cdot (\sigma_y + f_y) \leq 0$$

$$(III) \quad \tau_{xy}^2 + \sigma_y \cdot (\sigma_y + f_y) \leq 0$$

$$(IV) \quad \tau_{xy}^2 - (c - \sigma_x \cdot \tan\varphi)^2 \leq 0$$

Transformation dieser Bruchbedingungen auf Hauptspannungen σ_1 und σ_2 (siehe Anhang C) führt zu den Mauerwerksfestigkeitwerten und Fugenparametern:

- Die Mauerwerksfestigkeit f_x resultiert aus dem Versuch mit horizontal gemauerten Lagerfugen. Aus (II) erhält man für $\alpha=0°$:

$$f_x = -\sigma_2$$

- Die Mauerwerksfestigkeit f_y resultiert aus dem Versuch mit vertikal gemauerten Lagerfugen. Aus (III) erhält man für $\alpha=90°$ und $\sigma_1=-0.1f_x$:

$$f_y = -\sigma_2$$

Der Wert f_y wurde zusätzlich aus den Versuchen mit einer Lagerfugenneigung von
$\alpha=15°$ und $\alpha=30°$ bestimmt. Für Neigungen, welche kleiner sind als der Grenzwinkel,
ab welchem Fugenversagen auftritt, erhält man aus (III) für $\sigma_1=0$:

$$f_y = -\sigma_2$$

Die aus den Versuchen mit geneigten Lagerfugen gewonnenen Werte unterscheiden
sich von der Festigkeit f_y, die aus dem Versuch mit vertikalen Lagerfugen bestimmt
wurde. Dafür ist die Vernachlässigung der Zugfestigkeit in der Bruchbedingung verantwortlich [11].

- Die Fugenparameter c und φ wurden aus zwei Versuchen mit geneigten Fugen
  bestimmt, die zu einem Versagen durch Gleiten der Lagerfugen führten. Aus (IV)
  erhält man:

$$\sigma_2 = \frac{-c}{\cos^2\alpha \cdot (\tan\alpha - \tan\varphi)}$$

Weil der Versuch KB45 kein Fugengleitversagen aufwies, wurde zusätzlich der Körper KB75 gemauert und geprüft.

Aus den mittleren Verzerrungen, deren Verlauf als Funktion der Normalkraft in den Bildern 19 bis 21 dargestellt ist, wurden Elastizitätsmoduli E_x und E_y [18] und analog der
Schubmodul G_{xy} ermittelt. Die Ergebnisse sind in der Tabelle 10 festgehalten.

Steinsorte	E_x ($\alpha=0°$) [GPa]	E_y ($\alpha=90°$) [GPa]	G_{xy} ($\alpha=30°$) [GPa]
Zementstein	12.4	-	4.5
Kalksandstein	10.8	5.4	4.3
Backstein	10.6	5.3	3.3

Tabelle 10- Moduli

Die ausgewerteten Verzerrungen stellen die Mittelwerte eines Teilmessbereiches in der
Körpermitte dar. Zusätzlich wurden die Verzerrungen in zwei Teilbereichen in den Körperecken ermittelt (siehe auch Bild 12). Die gewonnenen Werte zeigten einen gewissen
Einfluss der Randstörungen in der Krafteinleitungszone, die Verzerrungen des mittleren
Bereiches können jedoch als für das Verhalten der Kleinkörper repräsentativ betrachtet
werden.

Versuchsresultate

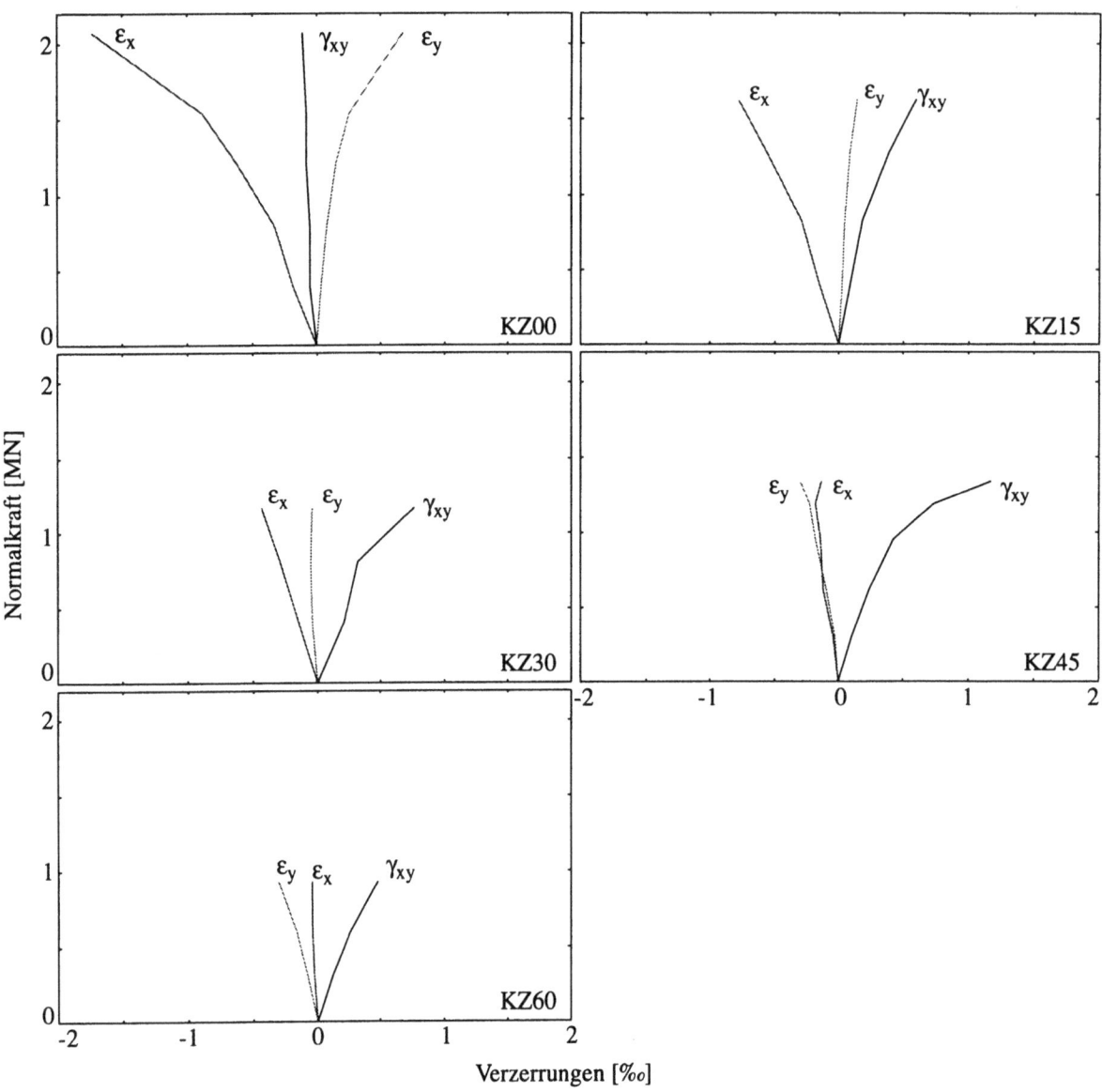

Bild 19- Normalkraft-Verzerrungs-Beziehungen aus Versuchen an Zementstein-Kleinkörpern

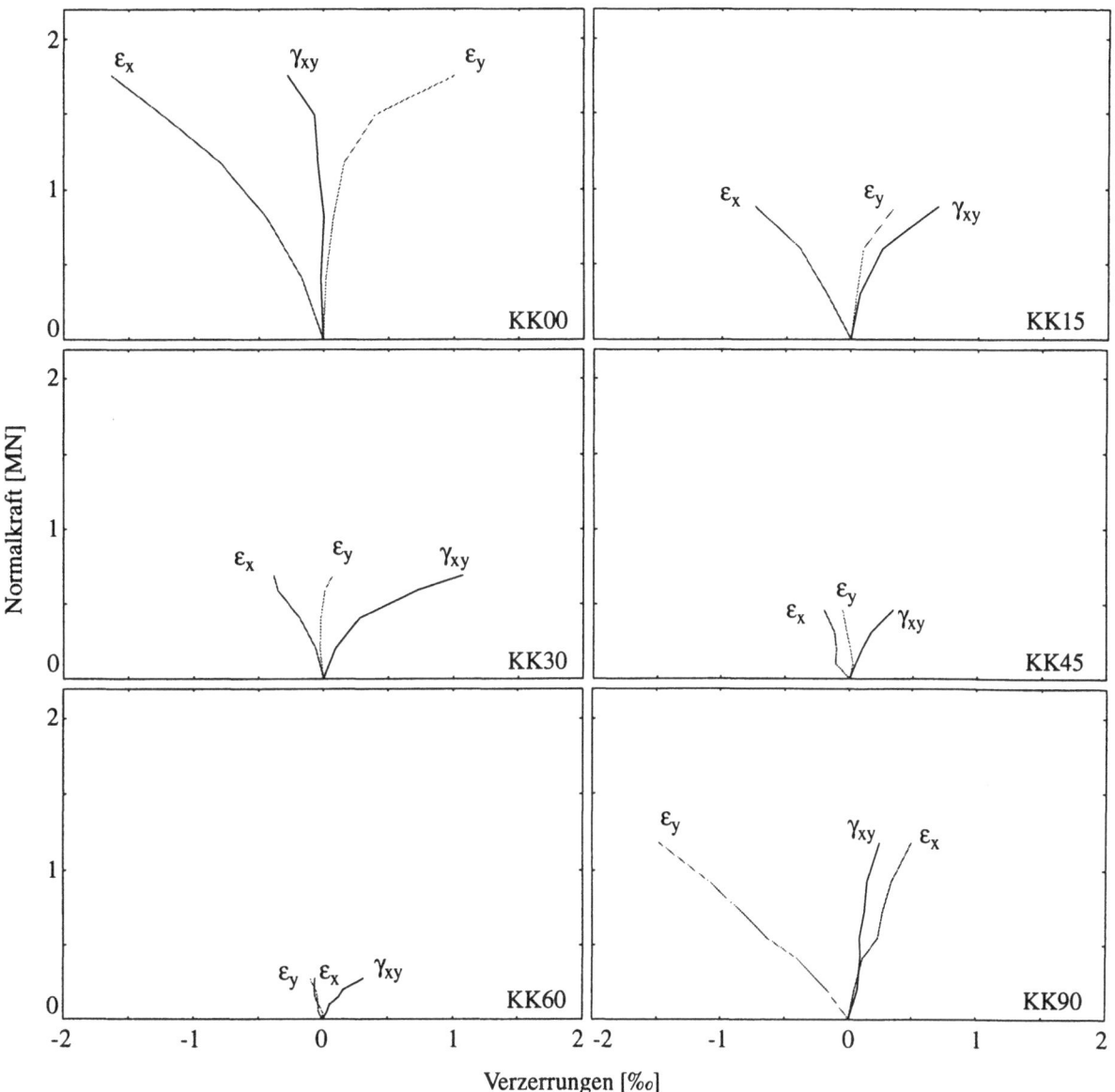

Bild 20- Normalkraft-Verzerrungs-Beziehungen aus Versuchen an Kalksandstein-Kleinkörpern

Versuchsresultate

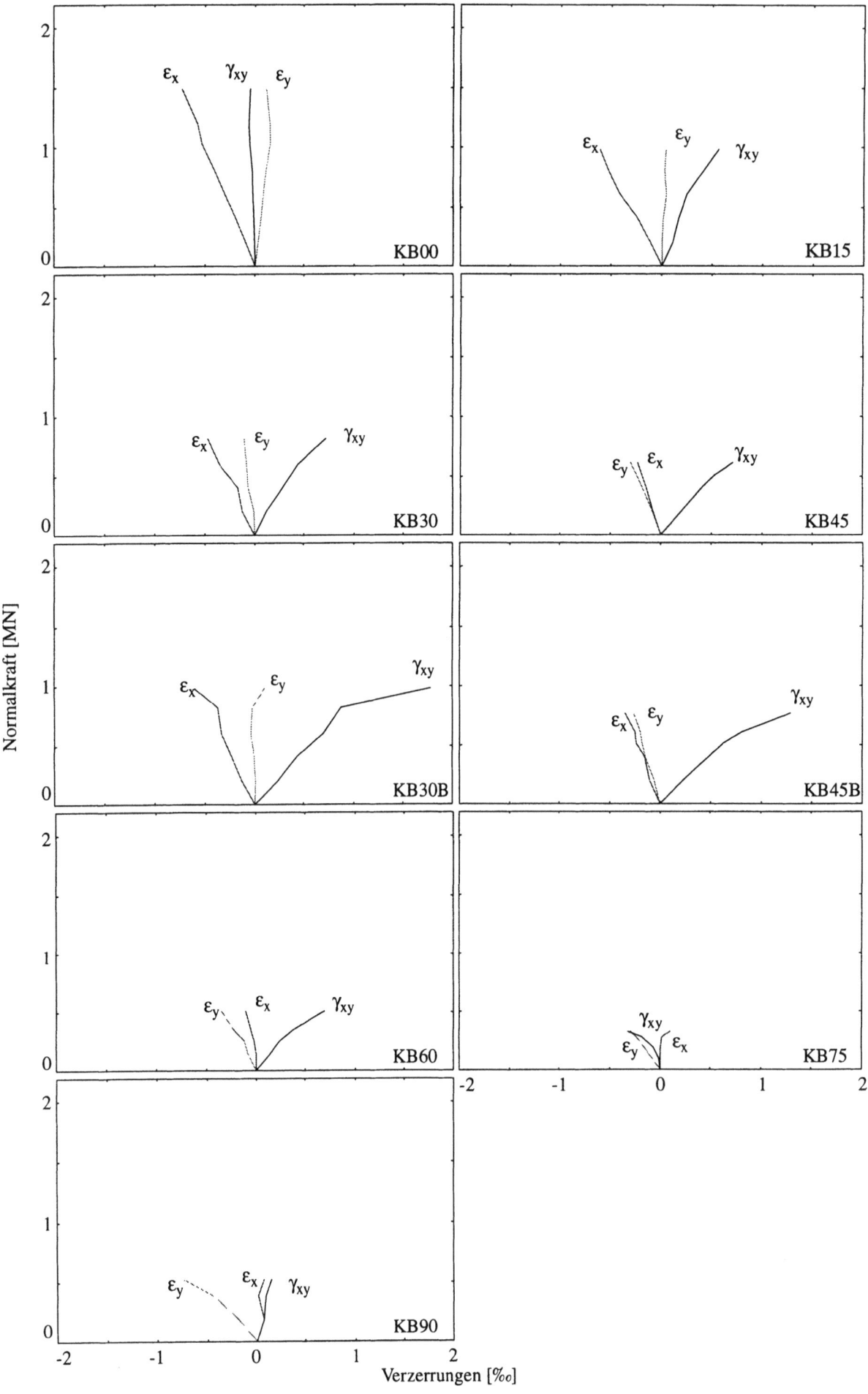

Bild 21- Normalkraft-Verzerrungs-Beziehungen aus Versuchen an Backstein-Kleinkörpern

5.2.2 Trag- und Bruchverhalten

Anhand von drei Beispielen (Versuche KZ45, KK30 und KB60) sind in den Bildern 22 bis 24 typische Verschiebungsbilder in verschiedenen Laststufen dargestellt.

Fotos der Bruchzustände sind in den Bildern 25 bis 27 zusammengestellt. Aus diesen Bildern sind auch die Rissbilder erkennbar.

Bild 22- Versuch KZ45: Verschiebungsbild

Versuchsresultate

- **Zementsteinserie**

Versuch KZ00: Die Stauchungen in x-Richtung (senkrecht zu den Lagerfugen) nahmen anfänglich annähernd linear zu. Bei steigender Last flachte sich der Last-Verzerrungs-Verlauf ab (Bild 19). Die Dehnung in y-Richtung (parallel zu den Lagerfugen) zeigte ein ähnliches Verhalten. Die ersten Risse zeigten sich bei 80% der Bruchlast. Die Risse konzentrierten sich in der Wandmitte. Der Bruch erfolgte, indem die Wand auf der ganzen Höhe durch einen vertikalen Riss gespalten wurde (Bild 25).

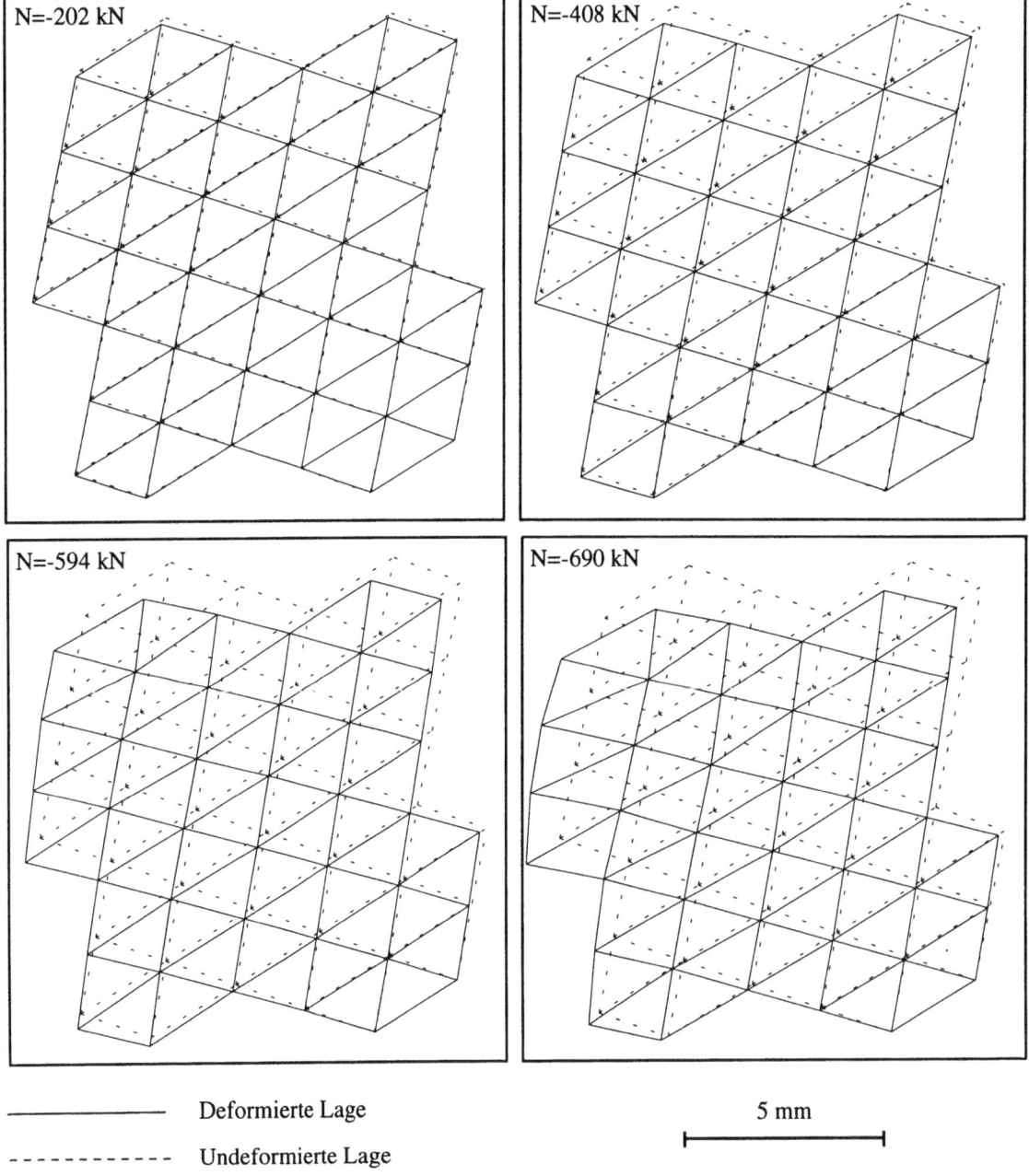

——————— Deformierte Lage

- - - - - - - - - - - Undeformierte Lage

5 mm

Bild 23- Versuch KK30: Verschiebungsbild

Versuch KZ15: Bei diesem Fugenneigungswinkel nahmen sowohl die Stauchung in x-Richtung als auch die Dehnung in y-Richtung bei steigender Last ziemlich linear bis zum Bruch der Wand zu (Bild 19). Die Schiebungen verliefen ebenfalls bis zum Bruch mehr oder weniger linear. Risse traten bei 90% der Bruchlast auf. Sie verliefen parallel zu den Stossfugen und folgten diesen teilweise, teilweise gingen sie durch Steine hindurch. Es gab auch Risse, die parallel zur Kraftrichtung verliefen. Beim spröden Bruch öffneten sich klaffende Risse (Bild 25).

Versuch KZ30: Ähnlich wie beim Versuch KZ15 nahmen die Stauchungen in x- und y-Richtung linear bis zum Bruch zu. Die Stauchung in y-Richtung war sehr klein. Die

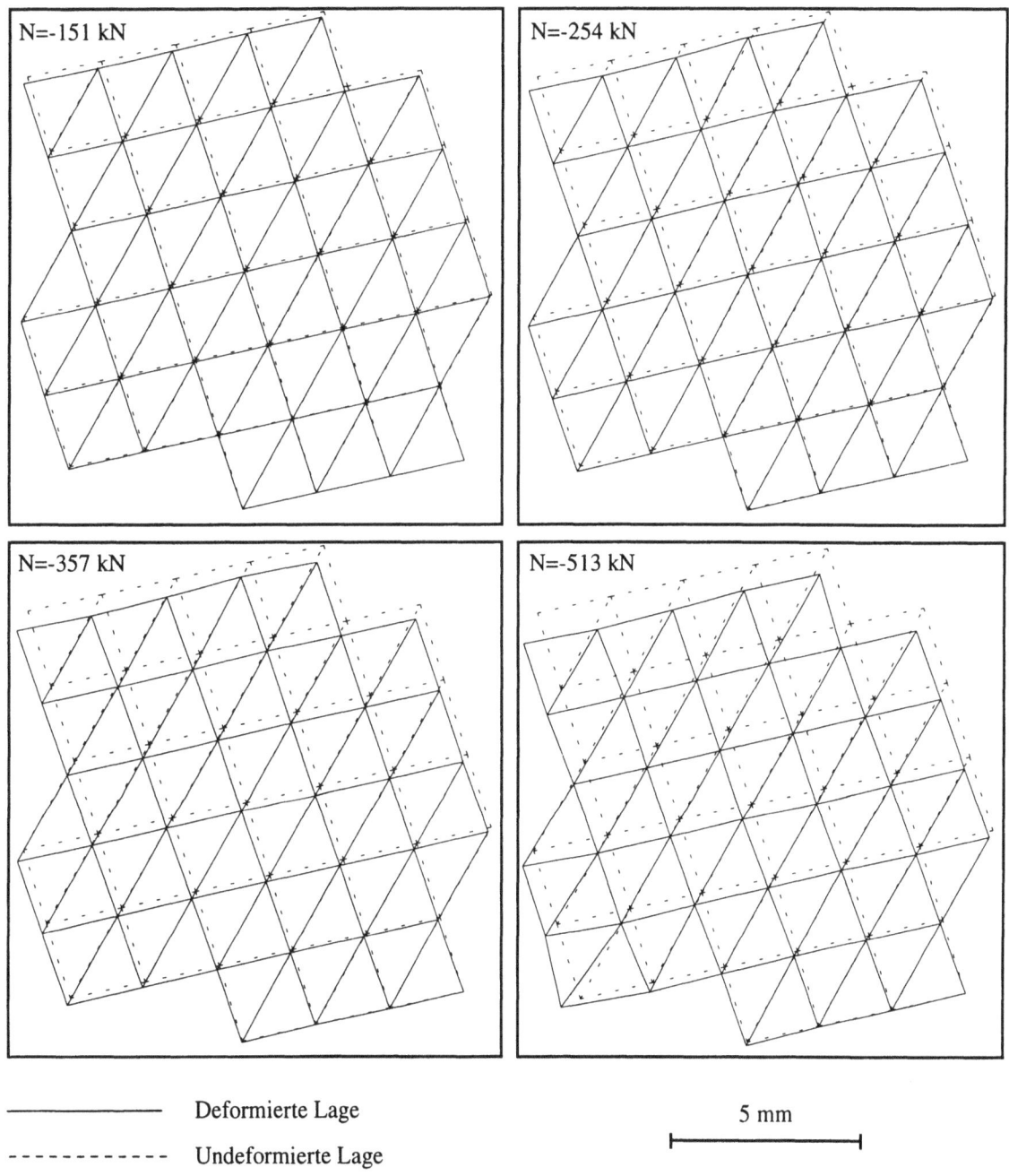

——————— Deformierte Lage

- - - - - - - - - - Undeformierte Lage

5 mm

Bild 24- Versuch KB60: Verschiebungsbild

Versuchsresultate

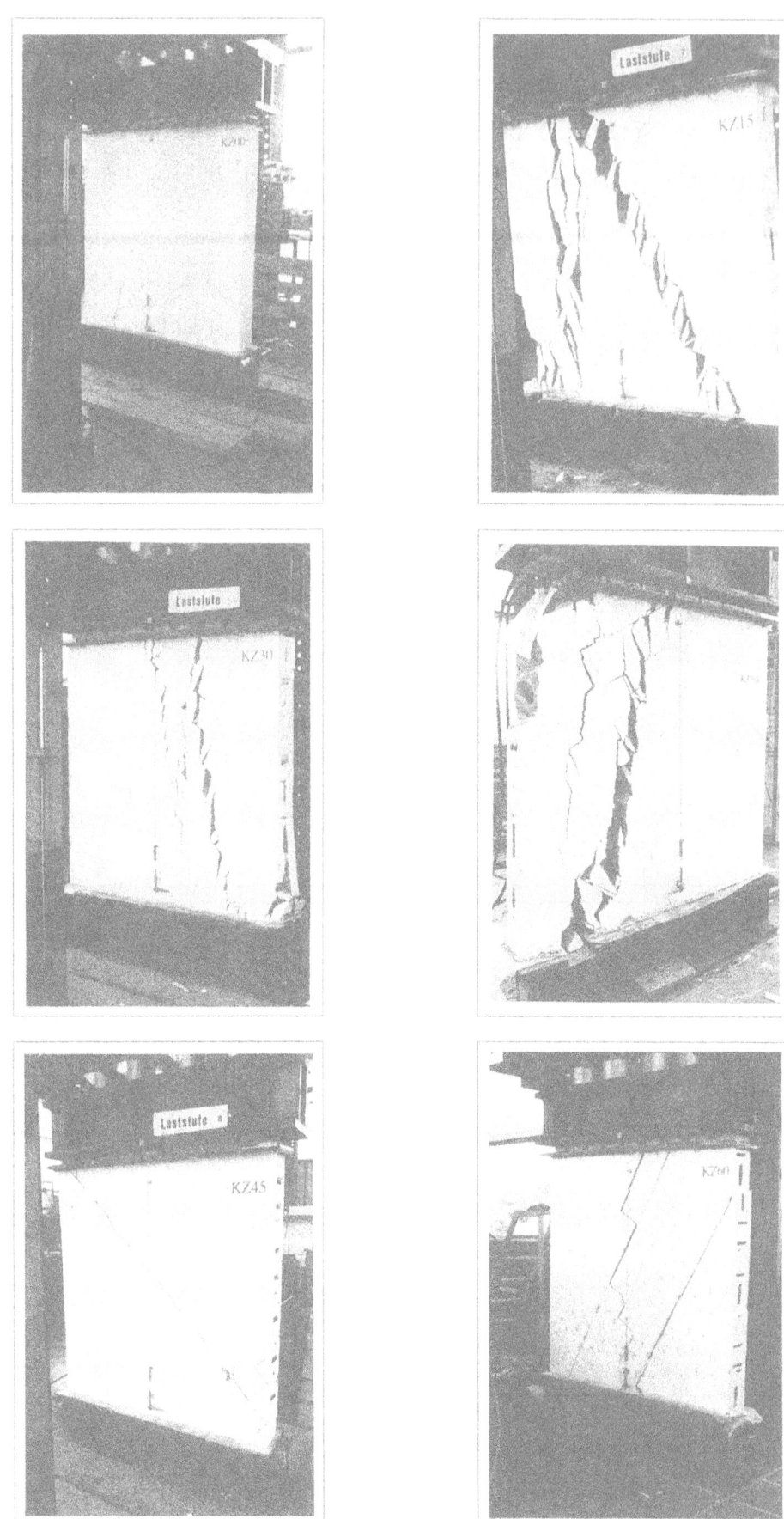

Bild 25- Zementstein-Kleinkörper

Schiebungen verliefen anfänglich linear (Bild 19) um bei steigender Vertikallast überproportional anzuwachsen. Der Bruch erfolgte plötzlich, ohne dass sich sichtbare Risse vorher ausgebildet hatten (die letzte Messung vor dem Bruch wurde bei 85% der Bruchlast durchgeführt), durch Ausbildung eines klaffenden Risses, der fast vertikal verlief (Bild 25). Dieser Versuch wurde wiederholt (KZ30R). Dabei wurde ein ähnliches Verhalten festgestellt. Der Unterschied der Bruchlasten war unbedeutend, er betrug nur 2% (siehe auch Tabelle 7).

Versuch KZ45: Der Last-Verzerrungs-Verlauf ist im Bild 19 dargestellt. Die Stauchungen in den beiden Richtungen nahmen mit steigender Vertikallast bis zum Bruch praktisch linear zu. Bis zu 65% der Bruchlast verlief die Last-Schiebungs-Kurve linear, um dann abzuflachen. Risse wurden erst unmittelbar vor dem Bruch beobachtet. Sie formierten sich in der Lagerfuge, die der Wanddiagonalen entlang verlief. Der Bruch erfolgte durch Gleiten entlang dieser Fuge (Bild 25).

Versuch KZ60: Sowohl die Stauchungen in x- und y-Richtung als auch die Schiebungen verliefen mit steigender Vertikallast praktisch linear bis zum Bruch. Die Stauchungen in x-Richtung blieben sehr klein (Bild 19). Die ersten Risse zeigten sich bei 90% der Bruchlast in der linken unteren Ecke der Wand. Vor dem Bruch entwickelten sich die Risse vor allem entlang der Lagerfugen. Durch zusätzliches Reissen entlang der Stossfugen im mittleren Wandbereich ergab sich ein treppenförmiger Bruchriss (Bild 25). Das Bruchverhalten war relativ spröde.

- **Kalksandsteinserie**

    Versuch KK00: Die Stauchungen in x-Richtung nahmen anfänglich annähernd linear zu. Mit steigender Vertikallast zeigte sich dann ein zunehmend weicheres Last-Stauchungs-Verhalten. Die Dehnung in y-Richtung zeigte bis zum Auftreten von Rissen ebenfalls einen ziemlich linearen Verlauf (Bild 20). Die Schiebungen waren sehr klein. Die ersten Risse zeigten sich bei 80% der Bruchlast. Die Risse verteilten sich über die ganze Wandoberfläche. Der Bruch erfolgte, indem die Wand auf der ganzen Höhe durch einen vertikalen Riss gespalten wurde (Bild 26). An mehreren Stellen wurden Brüche der äusseren Steinscheiben beobachtet.

    Versuch KK15: Die Entwicklung der Verzerrungen in Abhängigkeit der aufgebrachten Belastung ist im Bild 20 dargestellt. Risse traten bei 90% der Bruchlast auf. Sie verliefen parallel zu den Stossfugen und folgten diesen teilweise, teilweise gingen sie durch Steine hindurch. Beim spröden Bruch öffnete sich ein klaffender Riss, und ein Teil des Versuchkörpers löste sich vom Rest der Wand ab (Bild 26).

    Versuch KK30: Die Stauchung in x-Richtung nahm bis zum Bruch fast linear zu, und die Stauchung in y-Richtung blieb verschwindend klein (Bild 20). Die Last-Schiebungs-Kurve war ausgeprägt nichtlinear. Die ersten Risse traten bei 75% der Bruch-

Versuchsresultate

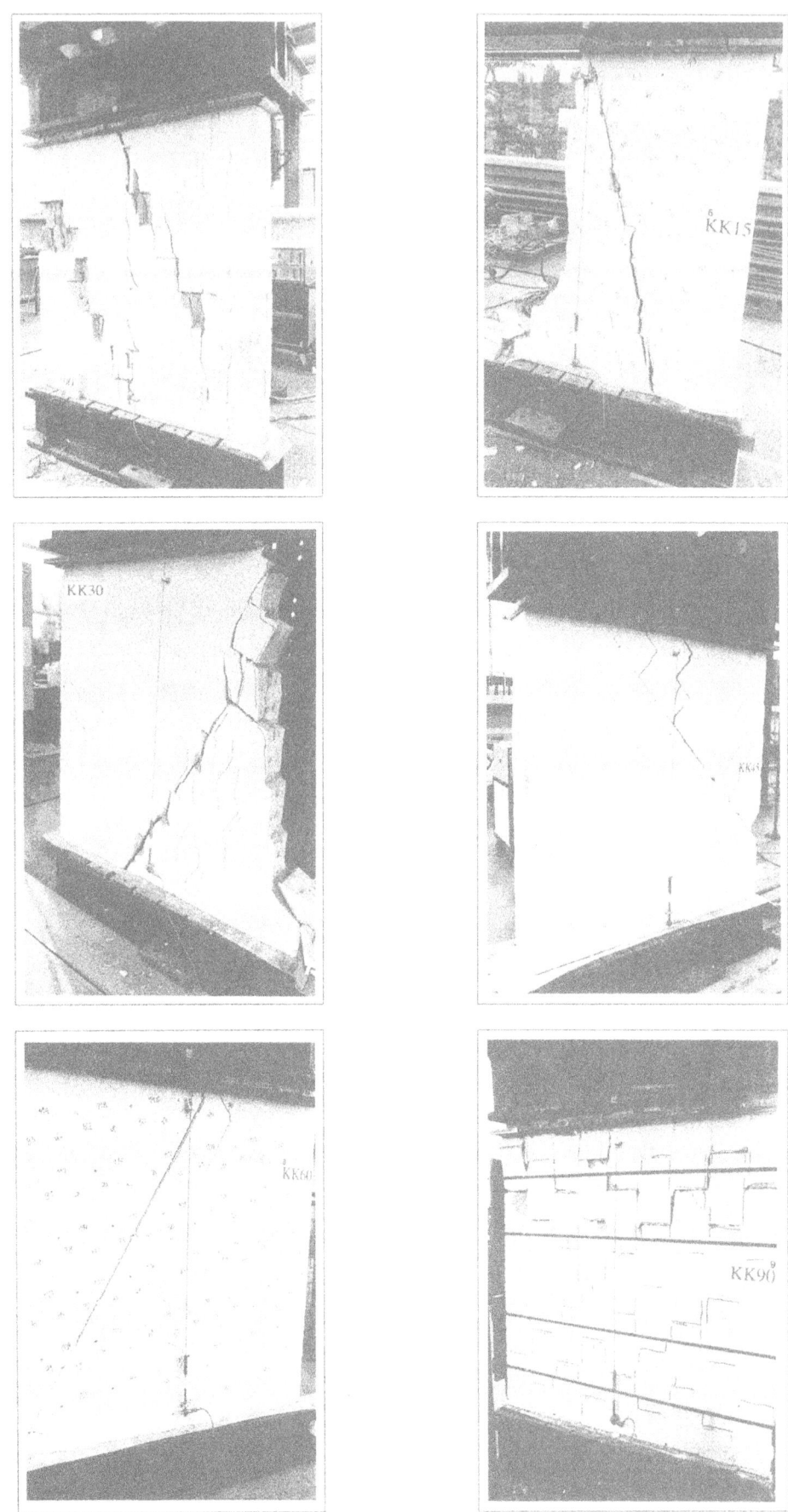

Bild 26- Kalksandstein-Kleinkörper

last auf. Sie pflanzten sich in einer Hälfte der Wand fort und verliefen teilweise parallel zu den Stossfugen, teilweise parallel zur Belastungsrichtung. Der Bruch erfolgte durch Ausbildung eines klaffenden Risses, der parallel zu den Stossfugen verlief, und durch Abspalten eines Teiles der Wand (Bild 26).

Versuch KK45: Der Last-Verzerrungs-Verlauf ist im Bild 20 dargestellt. Sowohl die Stauchungen in den beiden Richtungen als auch die Schiebungen nahmen mit steigender Vertikallast bis zum Bruch ziemlich linear zu. Risse wurden erst unmittelbar vor dem Bruch beobachtet. Sie formierten sich treppenförmig im oberen Wandbereich. Der Bruch trat durch Gleiten entlang einer Lagerfuge ein (Bild 26).

Versuch KK60: Der Verlauf der Verzerrungen ist im Bild 20 dargestellt. Die ersten Risse zeigten sich bei 95% der Bruchlast entlang der Lagerfuge, die durch eine der beiden unteren Wandecken verlief. Vor dem Bruch entwickelten sich noch andere Risse, meistens entlang der Lagerfugen. Durch zusätzliche Risse entlang der Stossfugen ergab sich ein treppenförmiger Riss (Bild 26). Der Bruch erfolgte durch Gleiten entlang der ersterwähnten Lagerfuge.

Versuch KK90: Die Stauchung in y-Richtung nahm bei steigender Last praktisch linear zu. Die Dehnung in x-Richtung zeigte auch einen ziemlich linearen Verlauf (Bild 20). Die Schiebungen blieben recht klein. Die ersten Risse zeigten sich bei 65% der Bruchlast. Die Risse verteilten sich über die ganze Wandoberfläche. Sie verliefen sowohl vertikal als auch horizontal. Der Bruch erfolgte, indem die Wand im oberen Teil einen horizontalen Riss aufwies (parallel zu den Stossfugen), wobei anschliessend ein Aufspalten der äusseren Steinscheiben erfolgte (Bild 26).

Dieser Versuchskörper wurde vor dem Versuch quer, d. h. in x-Richtung, mit 10% der Bruchlast des Körpers KK00 vorgespannt [18].

- **Backsteinserie**

Versuch KB00: Die Stauchungen in x-Richtung nahmen bei steigender Last praktisch linear bis zum Bruch zu (Bild 21). Die Dehnung in y-Richtung zeigte ein ähnliches Verhalten. Die ersten Risse zeigten sich bei 65% der Bruchlast. Die Risse konzentrierten sich an der Stirnseite der Wand. Der Bruch erfolgte, indem die Wand auf der ganzen Höhe durch einen vertikalen Riss gespalten wurde (Bild 27a). An mehreren Stellen waren Brüche der äusseren Steinscheiben zu beobachten.

Versuch KB15: Bei diesem Fugenneigungswinkel nahmen sowohl die Stauchung in x-Richtung als auch die Dehnung in y-Richtung bei steigender Last ziemlich linear bis zum Bruch der Wand zu (Bild 21). Dabei blieb die Dehnung in y-Richtung sehr klein. Die Schiebungen verliefen anfänglich ebenfalls annähernd linear, um später leicht überproportional anzuwachsen. Risse traten bei 70% der Bruchlast auf. Sie ver-

Versuchsresultate

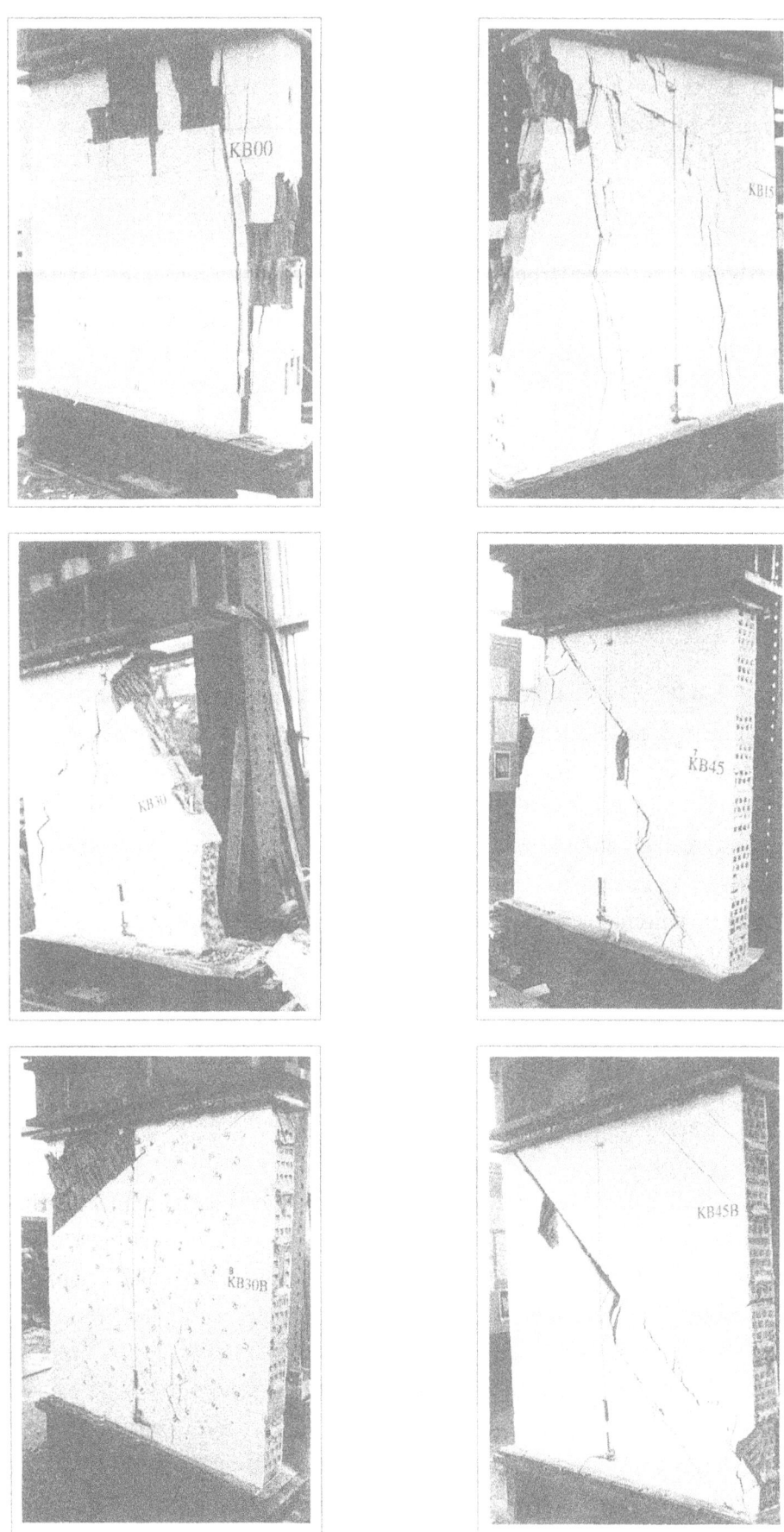

Bild 27a- Backstein-Kleinkörper

liefen vertikal. Der Bruch erfolgte sehr spröde durch Ausbildung von zwei klaffenden Rissen (Bild 27a). Ein Teil der Wand wurde abgespalten.

Versuch KB30: Bei diesem Versuch zeigten alle Verzerrungen mit steigender Last einen annährend linearen Verlauf (Bild 21). Risse traten bei 80% der Bruchlast auf. Der Bruch trat durch Abspalten eines grössen Bereiches der Wand auf (Bild 27a). Dabei ergab sich das aus Bild 27a ersichtliche treppenförmige Rissbild.

Versuch KB30B: Bei diesem bewehrten Versuchskörper zeigten alle Verzerrungen mit steigender Last bis 85% der Bruchlast einen praktisch linearen Verlauf (Bild 21). Später flachten die Kurven ab. Im Vergleich zum Versuch KB30 stieg die Bruchlast um 13% (Tabelle 9). Die Risse traten bei 85% der Bruchlast auf. Sie verliefen teilweise parallel zur Kraftrichtung, teilweise entlang der Stossfugen und konzentrierten sich im mittleren Bereich der Wand. Das Bruchverhalten war duktil. Im Gegensatz zu KB30 blieb die Wand ganz, und die Rissöffnungen waren wesentlich kleiner (Bild 27a).

Versuch KB45: Alle Verzerrungen zeigten mit steigender Last einen praktisch linearen Verlauf (Bild 21). Erste Risse traten bei 80% der Bruchlast auf. Beim Bruch bildete sich ein treppenförmiger Riss (Bild 27a). Die äusseren Steinscheiben in den dem Bruchriss angrenzenden Steinen platzten ab, und die verbleibende innere Steinstruktur wies vertikale Risse parallel zur ξ-z Ebene auf.

Versuch KB45B: Die Stauchungen in x- und y-Richtung zeigten bis zum Wandbruch einen fast linearen Verlauf. Die Last-Schiebungs-Kurve verlief bis 65% der Bruchlast linear und flachte dann ab (Bild 21). Risse traten bei 65% der Bruchlast auf. Das Rissbild war ähnlich wie beim Versuch KB45. Zusätzlich wurden in einer oberen Ecke der Wand Risse in den Lagerfugen beobachtet. Diese verliefen senkrecht zur Bewehrungsrichtung. Das Bruchverhalten war duktil. Sowohl das Bruchbild als auch die Bruchlast (Tabelle 9) waren ähnlich wie beim Versuch mit dem unbewehrten Körper KB45 (Bild 27a).

Versuch KB60: Der Verlauf der Last-Verzerrungs-Kurven ist im Bild 21 dargestellt. Die ersten Risse zeigten sich bei 55% der Bruchlast entlang einer Lagerfuge im oberen Wandbereich. Vor dem Bruch entwickelten sich andere Risse entlang der Lagerfugen, parallel zu den Stossfugen und parallel zur ξ-z Ebene, d. h. durch Steine hindurch (Bild 27b). An mehreren Steinen im oberen Wandteil wurden Brüche der äusseren Steinscheiben beobachtet.

Versuch KB75: Der Last-Verzerrungs-Verlauf ist im Bild 21 festgehalten. Die Dehnungen in x-Richtung waren sehr klein. Die ersten Risse wurden bei 55% der Bruchlast beobachtet. Sie verliefen ausschliesslich entlang der Lagerfugen. Der spröde

Bruch erfolgte durch Gleiten entlang der Lagerfugen (Bild 27b). Dabei traten auch Risse auf, die durch Steine verliefen.

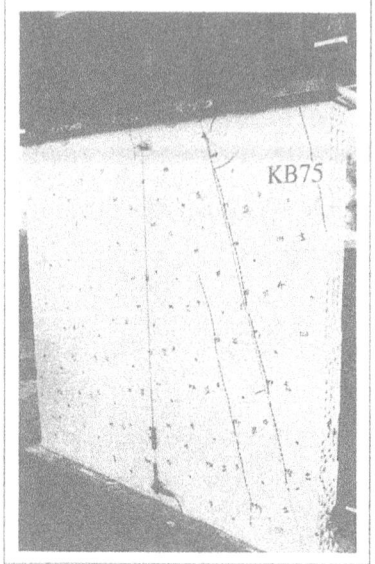

Bild 27b - Backstein-Kleinkörper

Versuch KB90: Die Stauchung in y-Richtung nahm bei steigender Last fast linear zu. Die Dehnung in x-Richtung und die Schiebungen waren klein (Bild 21). Die ersten Risse zeigten sich bei 80% der Bruchlast. Die Risse entwickelten sich im oberen Wandbereich entlang der Lagerfugen, d. h. parallel zur Kraftrichtung. Der Bruch erfolgte, indem die Wand im oberen Teil durch einen treppenförmigen Riss gespalten wurde (Bild 27b). In diesem Bereich wurden auch Brüche der äusseren Steinscheiben beobachtet.

Dieser Versuchskörper wurde vor dem Versuch quer, d. h. in der x-Richtung, mit 10% der Bruchlast des Körpers KB00 vorgespannt [18].

5.3 Wandversuche

Um das Verhalten der Versuchskörper beschreiben zu können, wurden zwei orthogonale Koordinatsysteme eingeführt, siehe Bild 1. Das erste System (ξ, η) hat seinen Ursprung in der Mitte der Unterfläche des Betonsockels, und die ξ-Achse ist mit der unverformten Wandachse identisch. Die Achsen des zweiten Systems (x, y) wurden senkrecht, bzw. parallel zu den Lagerfugen gewählt.

Aufgrund der im Abschnitt 4.2.3 beschriebenen Messungen behandeln die folgenden Abschnitte:

- Trag- und Bruchverhalten

- Horizontale Auslenkungen der Wandachse und Verlauf der Exzentrizität der Normalkraft über die Wandhöhe

- Exzentrizität-Krümmungs-Beziehungen; unter der Annahme, dass die Normalkraft konstant ist, entsprechen diese Beziehungen Momenten-Krümmungs-Beziehungen

- Beziehung zwischen der Exzentrizität e_0 der Normalkraft auf der Höhe des unteren Lagers und der entsprechenden Verdrehung ϑ.

5.3.1 Trag- und Bruchverhalten

Für das Trag- und Bruchverhalten waren vor allem die Grösse der Normalkraft, die Neigung der Lagerfugen sowie die allfällige Bewehrung oder Vorspannung der Wand massgebend.

Die effektiven Normalkräfte auf der Höhe des unteren Lagers sind in der Tabelle 11 festgehalten. Ausser der aufgebrachten Belastung beinhalten die Werte Q_{eff} zusätzlich das Eigengewicht der Wand mit dem Stahlbetonsockel und das Gewicht des Lastverteilträgers und der Hydraulikzylinder. Bei den Werten Q_u ist die beim Bruch wirkende Vorspannkraft eingerechnet.

- **Zementsteinserie (Bild 28)**

Die Wände mit horizontalen Lagerfugen zeigten die ersten Risse bei sehr kleinen Fussverdrehungen ($\vartheta=0.20°$). Bei kleiner Normalkraft (Z1) öffneten sich die Risse früher als bei grösserer Normalkraft (Z2). Die Risse konzentrierten sich im unteren Bereich der Wand über drei Steinhöhen bei kleiner und sechs Steinhöhen bei grösserer Normalkraft. Beim Weiterverdrehen öffnete sich ein klaffender Riss in der Lagerfuge zwischen der ersten und zweiten Steinlage. Der Bruch der Wand Z2 trat bei einer Fussverdrehung von $\vartheta=7.5°$ ein. Der Bruch der Wand Z1 wurde erzeugt, indem die Normalkraft erhöht wurde (siehe auch Tabelle 11). Bei einer Normalkraft von 513 kN trat ein lokaler Bruch an den Steinrändern der klaffenden Fuge auf. Die Brüche beider Wände erfolgten durch vertikales Aufreissen der Steine.

Die Wände mit geneigten Lagerfugen und kleiner Normalkraft (Z3 und Z6) zeigten bis auf einen Haarriss bei Z6 keine Risse in den Lagerfugen. Bei beiden Wänden öffnete sich ein Riss zwischen der Wand und dem Betonsockel. Der Riss, der unter einer sehr kleinen Fussverdrehung ($\vartheta=0.12°$) auftrat, wuchs mit zunehmender Verdrehung. Der Bruch konnte nicht durch Fussverdrehung allein erzeugt werden (Tabelle 11). Bei einer Normalkraft von 523 kN (Z3) bzw. 529 kN (Z6) trat ein lokaler Bruch an den Steinrändern der klaffenden Fuge auf. Der Bruch erfolgte durch vertikales Aufreissen der Steine. An der gedrückten Wandseite waren Brüche der äusseren Steinscheiben zu beobachten.

Versuch	Q_{eff} [kN]	Q_u [kN]	ϑ_u [°]	Versuch	Q_{eff} [kN]	Q_u [kN]	ϑ_u [°]
Z1	123	513	7.9	B1	119	258	14.9
Z2	352	352	7.5	B2	323	323	3.3
Z3	149	523	15.1	B3	123	269	15.4
Z4	326	682	15.3	B4	323	-	14.0
Z5	325	713	14.9	B5	122	288	14.0
Z6	124	529	15.2	B6	324	324	2.3
K1	124	363	15.2	B7	424	424	1.8
K2	326	326	7.7	B8	324	324	2.5
K3	125	359	14.8	B9	123	312	15.1
K4	326	326	7.9	B10	323	323	1.2
K5	125	294	14.9	B11	387+P	564	2.5
K6	325	325	8.0	B12	147+P	333	6.3
K7	157+P	388	6.2	B13	152+P	395	5.5
K8	398+P	598	2.3	B14	393+P	605	3.7

Tabelle 11 - Effektive Normalkräfte, Bruchkräfte und -verdrehungen
P = Vorspannkraft (siehe auch Bild 15)

Der Einfluss der Normalkraft zeigte sich deutlich bei den Wänden mit geneigten Lagerfugen und grösserer Normalkraft (Z4 und Z5). Erste Risse traten in den Lagerfugen auf. Sie konzentrierten sich im unteren Bereich der Wand über vier Steinhöhen. Deren maximale Öffnung betrug bei 15° Neigung (Z4) 0.15 mm und bei 30° Neigung (Z5) 0.10 mm. Wiederum ergab sich ein Riss am Übergang zwischen Wand und Betonsockel. Dieser wuchs mit steigender Verdrehung, im Gegensatz zu den anderen Rissen, die sich schlossen. Der Bruch konnte auch hier nicht durch Fussverdrehung allein erzeugt werden. Bei einer Normalkraft von 682kN (Z4) bzw. 713 kN (Z5) trat ein lokaler Bruch an den Steinrändern der klaffenden Fuge auf. Der Bruch erfolgte durch vertikales Aufreissen der Steine. An der gedrückten Wandseite waren Brüche der äusseren Steinscheiben zu beobachten.

Bild 28- Zementsteinwände

- **Kalksandsteinserie (Bild 29)**

Die Wände mit horizontalen Lagerfugen (K1 und K2) zeigten erste Risse bei sehr kleinen Fussverdrehungen ($\vartheta=0.3°$ bzw. $0.6°$). Bei kleiner Normalkraft (K1) öffneten sich die Risse früher als bei grösserer Normalkraft (K2). Erste Risse konzentrierten sich im unteren Bereich der Wand über vier Steinhöhen bei kleiner und sieben Steinhöhen bei grösserer Normalkraft. Beim Weiterverdrehen öffnete sich ein klaffender Riss. Bei K1 entstand er in der Lagerfuge zwischen der ersten und zweiten Steinlage, und bei K2 zwischen der zweiten und dritten Steinlage. Bei der Wand K2 öffnete sich, bis zu einer Fussverdrehung von ca. 1.6°, der Riss zwischen erster und zweiter Steinlage am stärksten, danach wanderte die grösste Rissöffnung um eine Steinlage nach oben. Der Bruch erfolgte durch vertikales Aufreissen der Steine. Die Wand K1 konnte bis zum Anschlag des Verdrehungskolbens rotiert werden ($\vartheta \approx 15°$). Dann wurde der Bruch durch eine Steigerung der Normalkraft bis 363 kN erzwungen (siehe auch Tabelle 11).

Die beiden Wände mit geneigten Lagerfugen und kleiner Normalkraft (K3 und K5) zeigten ein ähnliches Verhalten. Die Risse in den Lagerfugen verteilten sich im unteren Wandbereich bis zu einer Höhe von 0.5 m. Ihre Öffnungen waren nicht grösser als 0.05 mm. Bei beiden Wänden öffnete sich ein Riss zwischen der Wand und dem Betonsockel. Dieser Riss, der mit anderen Rissen gleichzeitig auftrat, wuchs mit zunehmender Verdrehung. Der Bruch konnte nicht durch Fussverdrehung allein erzeugt werden. Bei einer Normalkraft von 359 kN (K3) bzw. 294 kN (K5) trat ein lokaler Bruch an den Steinrändern der klaffenden Fuge auf. Der Bruch erfolgte durch vertikales Aufreissen der Steine. An der gedrückten Wandseite waren Brüche der äusseren Steinscheiben zu beobachten.

Bei den Versuchswänden mit geneigten Lagerfugen und grösserer Normalkraft (K4 und K6) waren die Risse besser verteilt als bei den Wänden mit kleiner Normalkraft. Die grösste Öffnung hatte der Riss in der Lagerfuge, die von einer unteren Wandecke aus verlief. Bei 15° Fugenneigung und einer Verdrehung ϑ von 4° betrug sie 4.5 mm und bei 30° Fugenneigung betrug sie 2.0 mm bei einer Fussverdrehung ϑ von 2.2°. Bei steigender Verdrehung bildeten sich auch Risse entlang der Stossfugen. Die Brüche dieser zwei Wände erfolgten durch Ausbildung eines zahnförmigen Risses senkrecht zur Belastungsrichtung. Die Bruchverdrehung betrug für beide Wände ca. 8°.

- **Backsteinserie (Bild 30)**

Die Wände mit horizontalen Lagerfugen (B1 und B2) zeigten die ersten Risse bei einer Fussverdrehung von ca. 0.3°. Diese Risse konzentrierten sich im unteren Bereich der Wand über vier Steinhöhen bei kleiner und acht Steinhöhen bei grösserer Normalkraft. Dabei betrug die maximale Rissweite bei der Wand B1 0.1 mm und beim Versuch B2 1.2 mm. Beim Weiterverdrehen öffnete sich ein klaffender Riss. Bei der Wand B1 entstand er an der Kontaktstelle zwischen Wand und Stahlbetonsockel, und bei B2 zwischen der dritten und vierten Steinlage. Beim Versuch B2 öffnete sich bis zu einer Fussverdrehung von ca. 2° der Riss zwischen zweiter und dritter Steinlage am stärksten, danach wanderte die grösste Rissweite um eine Steinlage nach oben. Der Bruch erfolgte durch vertikales Aufreissen der Steine. Die Wand B1 konnte bis zum Anschlag des Verdrehungskolbens rotiert werden ($\vartheta \approx 15°$). Dann wurde der Bruch durch eine Steigerung der Normalkraft bis zu 258 kN erzwungen (siehe Tabelle 11).

Sowohl die beiden unbewehrten Wände (B3 und B5) als auch die bewehrte Wand (B9) mit geneigten Lagerfugen und kleiner Normalkraft (100 kN) zeigten ein ähnliches Verhalten. Die Risse in den Lagerfugen verteilten sich im unteren Wandbereich bis zu einer Höhe von 0.8 m. Ihre Öffnungen waren nicht grösser als 0.05 mm.

Bild 29- Kalksandsteinwände

Bei allen Wänden öffnete sich ein Riss zwischen Wand und Betonsockel. Dieser Riss, der mit anderen Rissen gleichzeitig auftrat, wuchs mit zunehmender Verdrehung. Der Bruch konnte nicht durch Fussverdrehung allein erzeugt werden. Bei Normalkräften von 270 kN (B3), bzw. 288 kN (B5) und 312 kN (B9) traten lokale Brüche an den Steinrändern der klaffenden Fugen auf. Das Versagen erfolgte jeweils durch vertikales Aufreissen der Steine. An der gedrückten Wandseite waren Brüche der äusseren Steinscheiben zu beobachten.

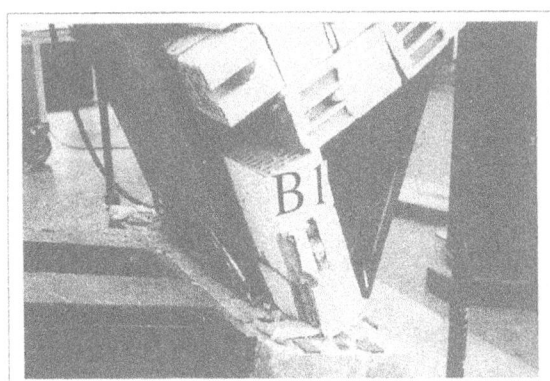 

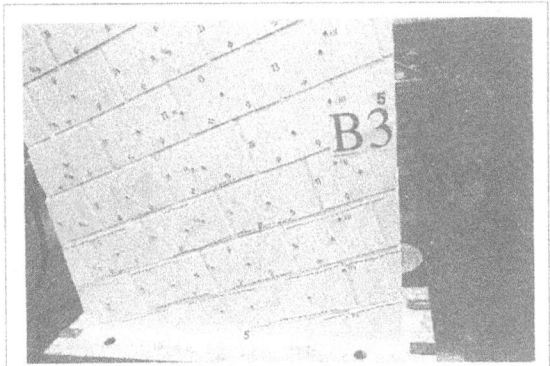 

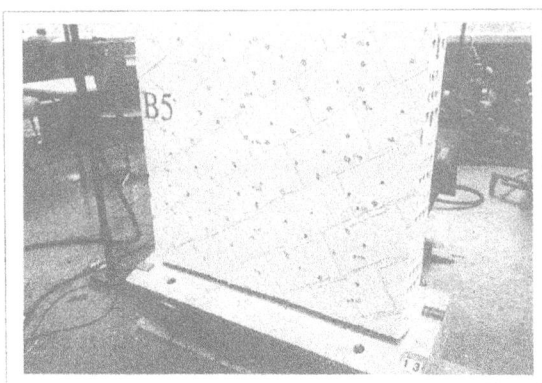 

Bild 30a- Backsteinwände

Die Versuchskörper mit geneigten Lagerfugen, die mit einer grösseren Normalkraft beansprucht waren, zeigten ein unterschiedliches Verhalten.

Bei der Wand mit einer Fugenneigung von 15° (B4) verteilten sich die Risse bis zu einer Verdrehung ϑ von 1.4° gleichmässig im unteren Wandbereich bis zu einer Höhe von 1.0 m; die entsprechende Rissweite betrug maximal 0.3 mm. Danach entwickelte sich ein klaffender Riss zwischen Wand und Betonsockel. Der Bruch konnte nicht durch Fussverdrehung allein erzeugt werden. Beim Erhöhen der Normalkraft, bei einer Fussverdrehung von 14°, begann die Wand zu rutschen, und der Versuch wurde abgebrochen. An der gedrückten Wandseite waren Brüche der äusseren Steinscheiben zu beobachten.

Die Versuchkörper B6 und B8, beide mit einer Auflast von 300 kN und einer Fugenneigung $\alpha=30°$, zeigten ein ähnliches Versagen. Es bildete sich kein klaffender Riss, sondern der Bruch erfolgte bei einer Fussverdrehung von ca. 2.4° durch Aufreissen der Steine im unteren Bereich des Körpers über vier (B6) bzw. drei (B8) Steinhöhen. An beiden Wandseiten waren Brüche der äusseren Steinscheiben zu beobachten. Die bewehrte Wand B8 wies eine bessere Rissverteilung mit maximalen Rissweiten von 0.08 mm auf; im Gegensatz dazu betrug die maximale Rissweite der Wand B6 0.15 mm. Bei der unbewehrten Wand B6 verliefen die Risse auch entlang der Stossfugen. Solche Risse waren bei der bewehrten Wand B8 nicht zu beobachten.

Die bewehrte Wand B7 wurde mit einer Normalkraft von 400 kN belastet. Die Lagerfugen waren unter 30° geneigt. Ausser gut verteilten Rissen an der Wandvorderseite (Zugseite) bildeten sich auf der Wandhinterseite (Druckseite) vertikale Spaltrisse. An der Wandvorderseite betrug die maximale Rissweite 0.15 mm. Es bildete sich kein klaffender Riss. Der Bruch erfolgte bei einer Fussverdrehung von ca. 1.8° durch Aufreissen der Steine im unteren Bereich des Körpers über drei Steinhöhen. An beiden Wandseiten waren Brüche der äusseren Steinscheiben zu beobachten.

Die bewehrte Wand B10 wurde mit einer Fugenneigung von 45° gemauert und mit einer Kraft von 300 kN belastet. Risse entwickelten sich im unteren Wandteil bis zu einer Höhe von 0.8 m. Bis zum Bruch zeigten diese Risse sehr kleine Öffnungen (Haarrisse). Beim Bruch formierte sich kein klaffender Riss. Das Versagen erfolgte durch gleichzeitiges vertikales Aufreissen der Steine und Gleiten entlang der Lagerfuge, die von der unteren Wandecke aus verlief. Die Bruchverdrehung betrug 1.2°.

- **Vorgespannte Wände (Bild 31)**

Die beiden Backsteinwände B11 und B12 hatten eine Höhe von 2.60 m. Bei beiden Wänden waren die Risse über die ganze untere Wandhälfte verteilt. Ausser Rissen in Lagerfugen wurden auch vertikale Spaltrisse beobachtet. Die Rissweiten bei der Wand mit der grösseren Normalkraft (B11) überschritten 0.25 mm nicht. Der Bruch entstand in der Lagerfuge zwischen den ersten zwei Steinlagen. Er erfolgte bei einer Verdrehung von 2.5° durch vertikales Aufreissen der Steine. Die Wand mit kleinerer Normalkraft (B12) wies grössere Rissweiten auf (bis 1.8 mm). Der Bruch erfolgte durch Ausbildung eines dominanten Risses am Übergang zwischen Wand und Betonsockel. Die Öffnung dieses Risses betrug 3.5 mm bei einer Verdrehung von 3.0°.

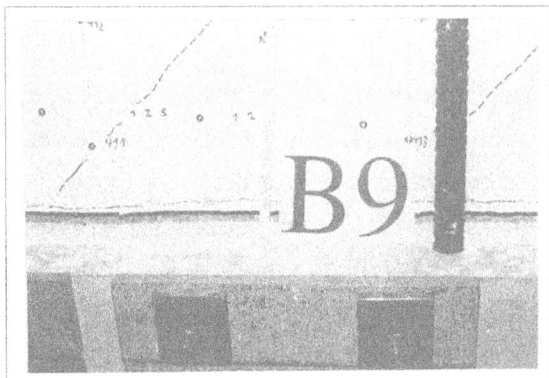
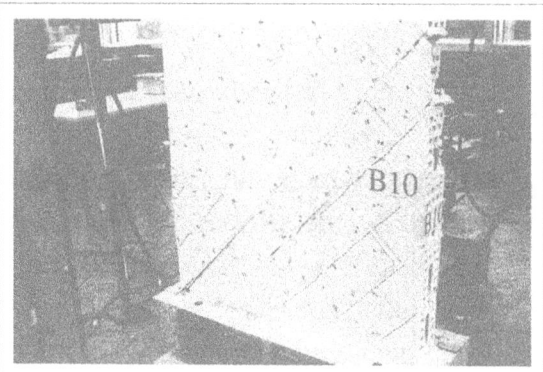

Bild 30b- Backsteinwände

Bei den beiden 5.0 m hohen Backsteinwänden (B13 und B14) waren die Risse ebenfalls über die ganze untere Wandhälfte verteilt. Die gemessenen Rissweiten überschritten 1.0 mm (B13, zwischen vierter und fünfter Steinreihe) bzw. 0.20 mm (B14, zwischen sechster und siebter Steinreihe) nicht. Die Brüche entstanden durch Wanderung des grössten Risses nach oben und anschliessendes klaffendes Öffnen dieses Risses. Bei der Wand mit kleiner Normalkraft (B13) wanderte der grösste Riss um eine Steinreihe gegen Wandmitte, und bei der Wand mit der grösseren Normalkraft (B14) wanderte er bis zur Wandmitte. Dabei wurde ein Aufspalten der Steine parallel zur ξ-η Ebene beobachtet. Beim Versuch B14 war der Bereich mit aufgespalteten Steinen deutlich grösser (über zehn Steinreihen). Die Bruchverdrehungen betrugen 5.5° (B13) bzw. 3.7° (B14). Nach dem Bruch wurde die Wand B13 wieder in die ver-

Bild 31- Vorgespannte Wände

tikale Lage gestellt und dann weiter mit steigender Normalkraft belastet. Der Bruch erfolgte durch Materialversagen bei einer Last von 936 kN.

Bei den beiden vorgespannten Kalksandsteinwänden (K7 und K8) waren die Risse ebenfalls in der ganzen unteren Hälfte der Wand verteilt. Die gemessenen Rissweiten überschritten 0.75 mm (K7, zwischen neunter und zehnter Steinreihe) bzw. 0.10 mm (K8, zwischen zehnter und elfter Steinreihe) nicht. Die Brüche entstanden durch Wanderung des grössten Risses nach oben, mit anschliessendem klaffenden Öffnen dieses Risses. Bei der Wand mit kleiner Normalkraft (K7) wanderte der Riss um zwei Steinreihen gegen Wandmitte, und bei der Wand mit grösserer Normalkraft (K8) wanderte er bis zur Wandmitte. Dabei wurde ein Aufspalten der Steine parallel zur ξ-η Ebene beobachtet. Die Bruchverdrehungen betrugen 6.2° (K7) bzw. 2.3° (K8).

5.3.2 Horizontale Auslenkungen und Exzentrizitäten der Normalkraft

Die Exzentrizität der Normalkraft bezüglich der Wandachse setzt sich aus zwei Anteilen zusammen, nämlich einem Anteil infolge der horizontalen Auslenkung w und einem proportional zur Höhe abnehmenden Anteil infolge der exzentrischen Einleitung der Normalkraft Q an der Wandunterseite.

Die Kurven in den Bildern 32 bis 45 zeigen, dass sich der Ort der grössten Auslenkung sowohl mit steigender Normalkraft als auch mit steigender Fugenneigung gegen die Wandmitte hin verschiebt. Bei der Wand K1 ergab sich bei ϑ=15.25° eine maximale Auslenkung w=108 mm an der Stelle ξ=417.5 mm.

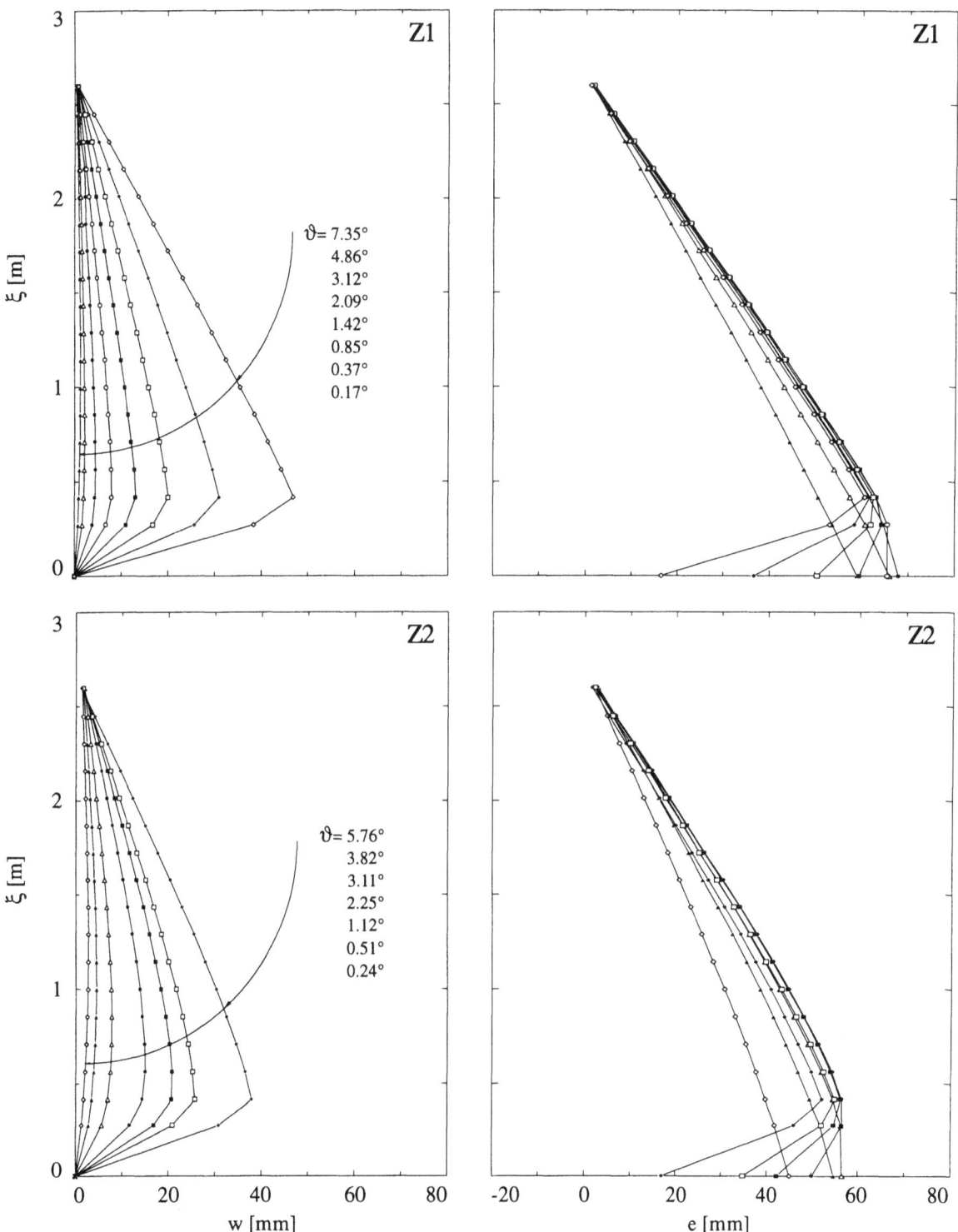

Bild 32- Auslenkungen und Exzentrizitäten der Wände Z1 und Z2

Versuchsresultate

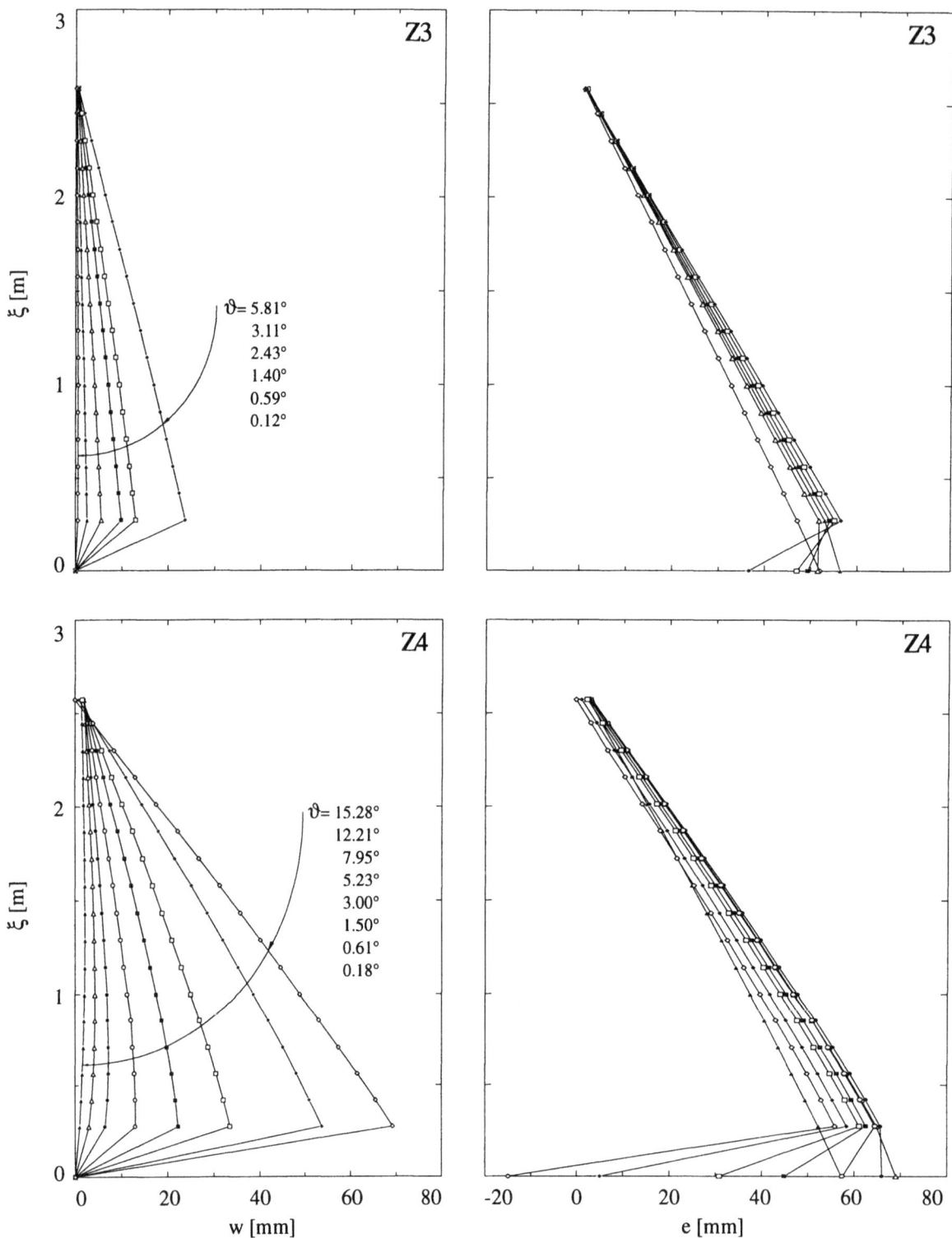

Bild 33- Auslenkungen und Exzentrizitäten der Wände Z3 und Z4

Wandversuche

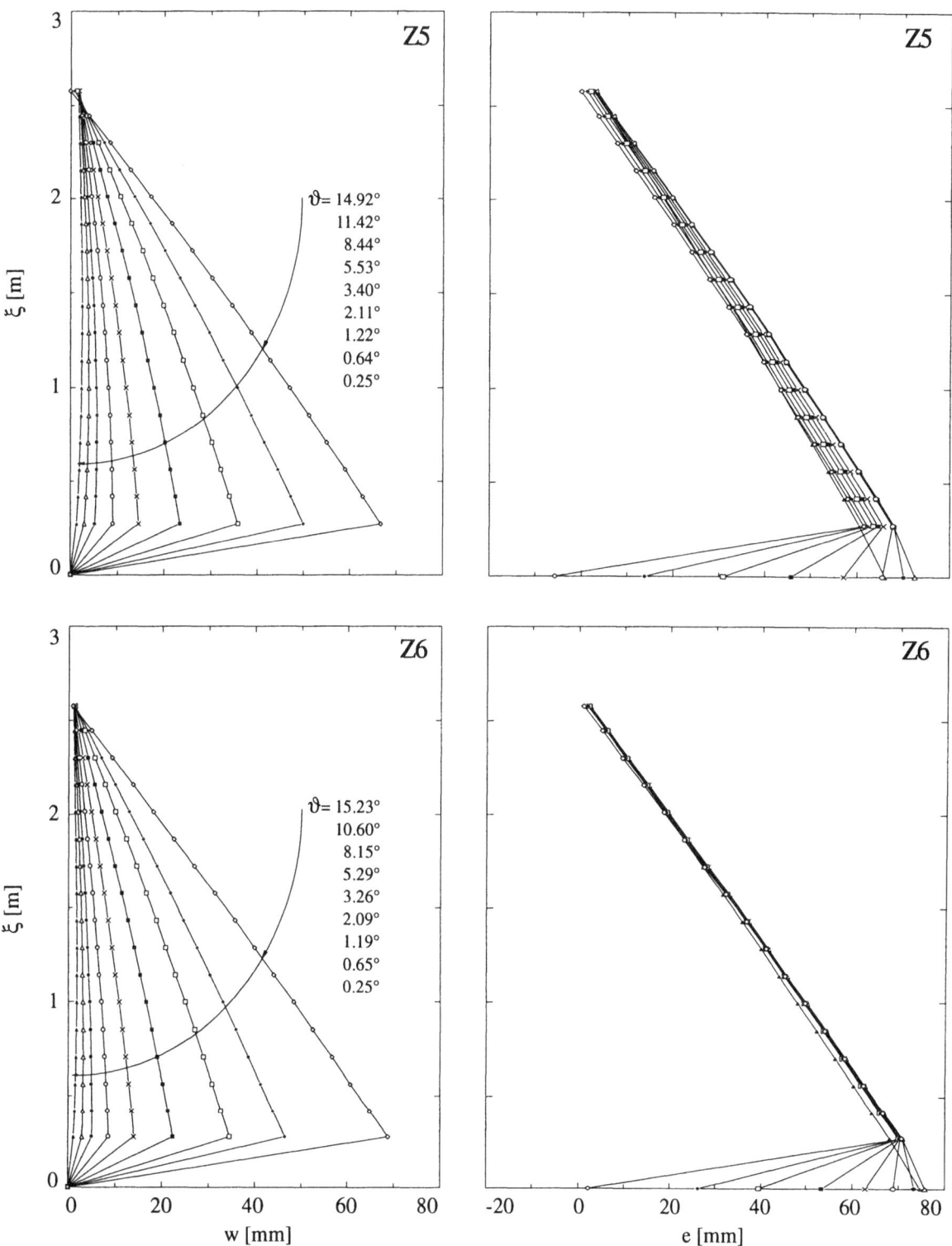

Bild 34- Auslenkungen und Exzentrizitäten der Wände Z5 und Z6

Versuchsresultate

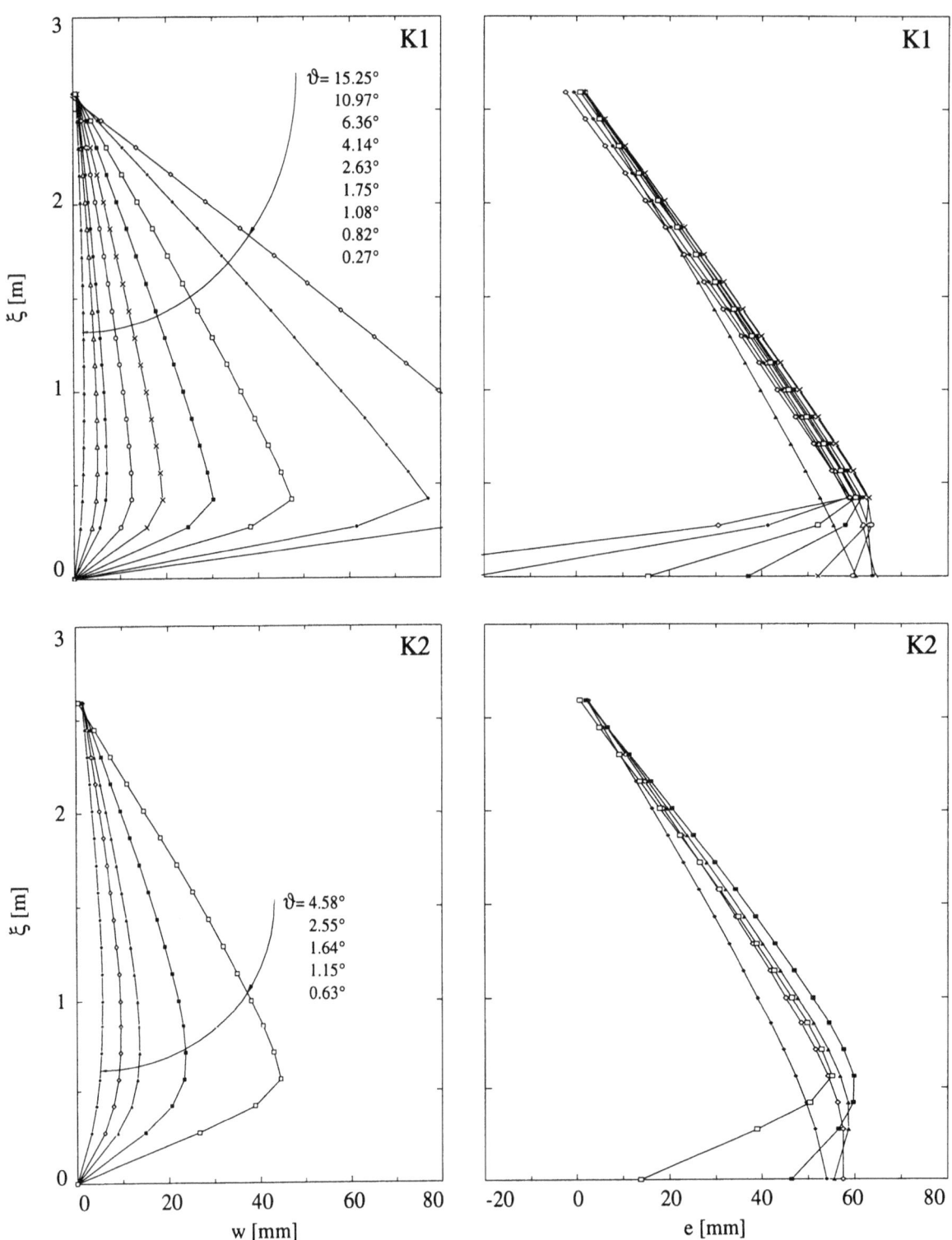

Bild 35- Auslenkungen und Exzentrizitäten der Wände K1 und K2

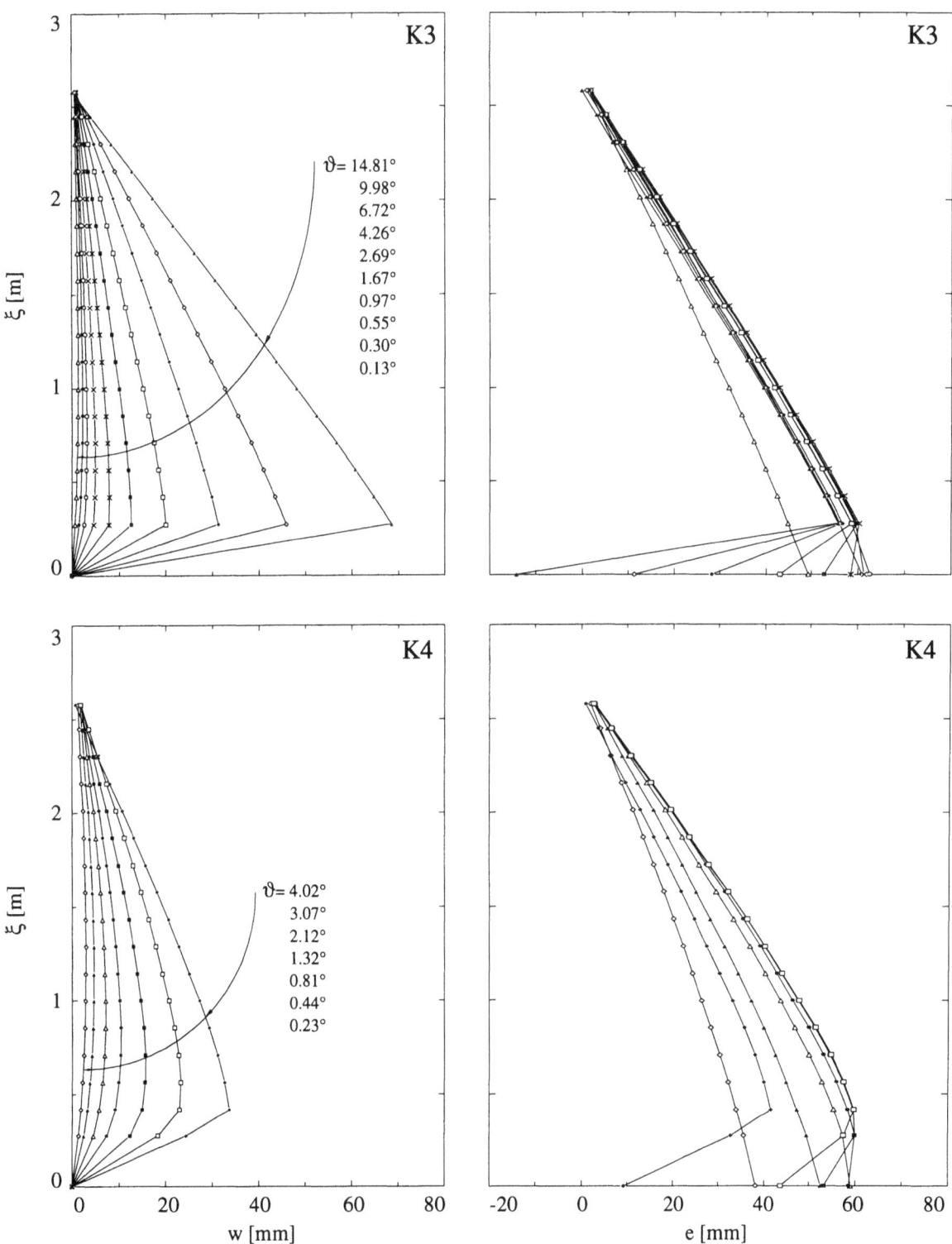

Bild 36- Auslenkungen und Exzentrizitäten der Wände K3 und K4

Versuchsresultate

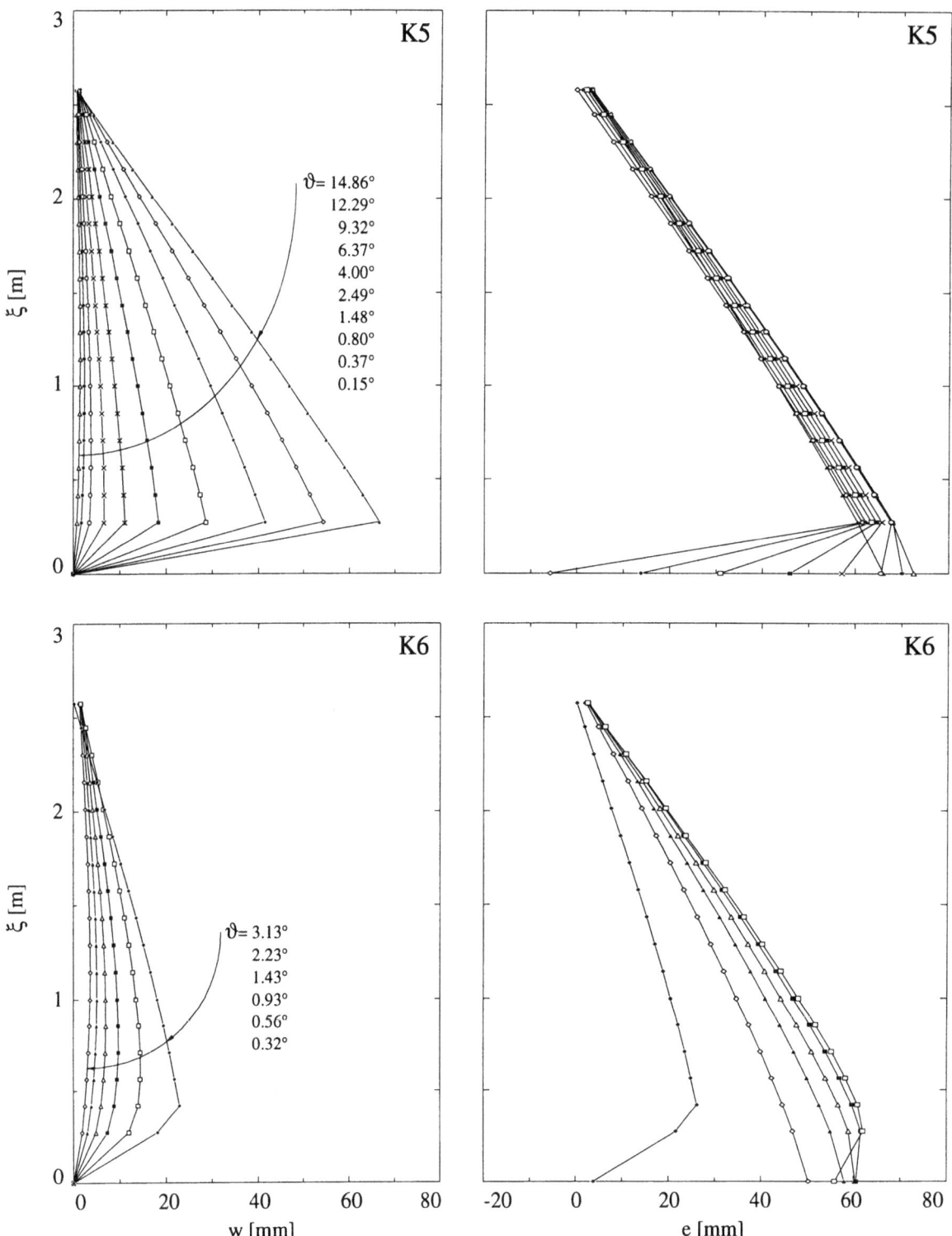

Bild 37- Auslenkungen und Exzentrizitäten der Wände K5 und K6

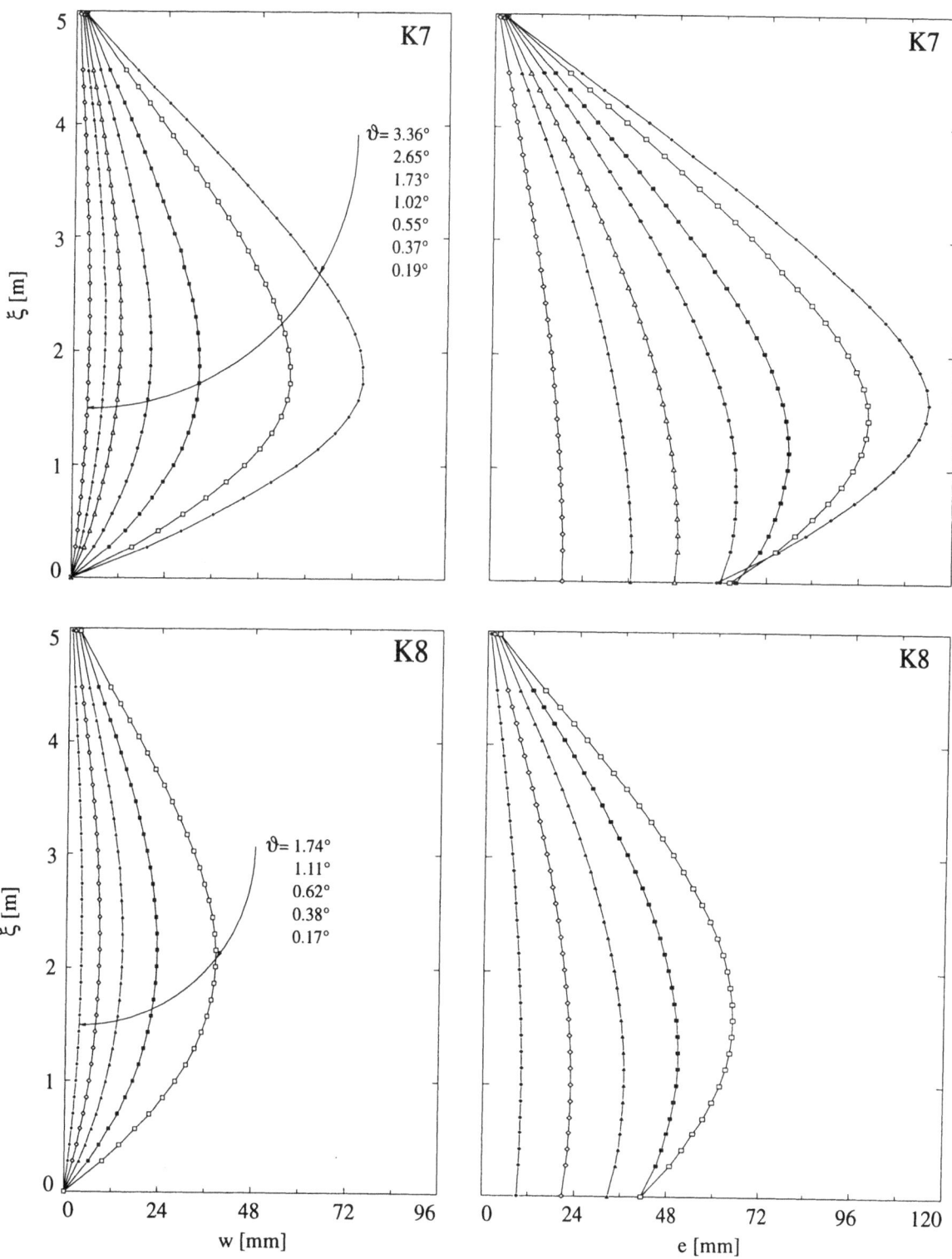

Bild 38- Auslenkungen und Exzentrizitäten der Wände K7 und K8

Versuchsresultate

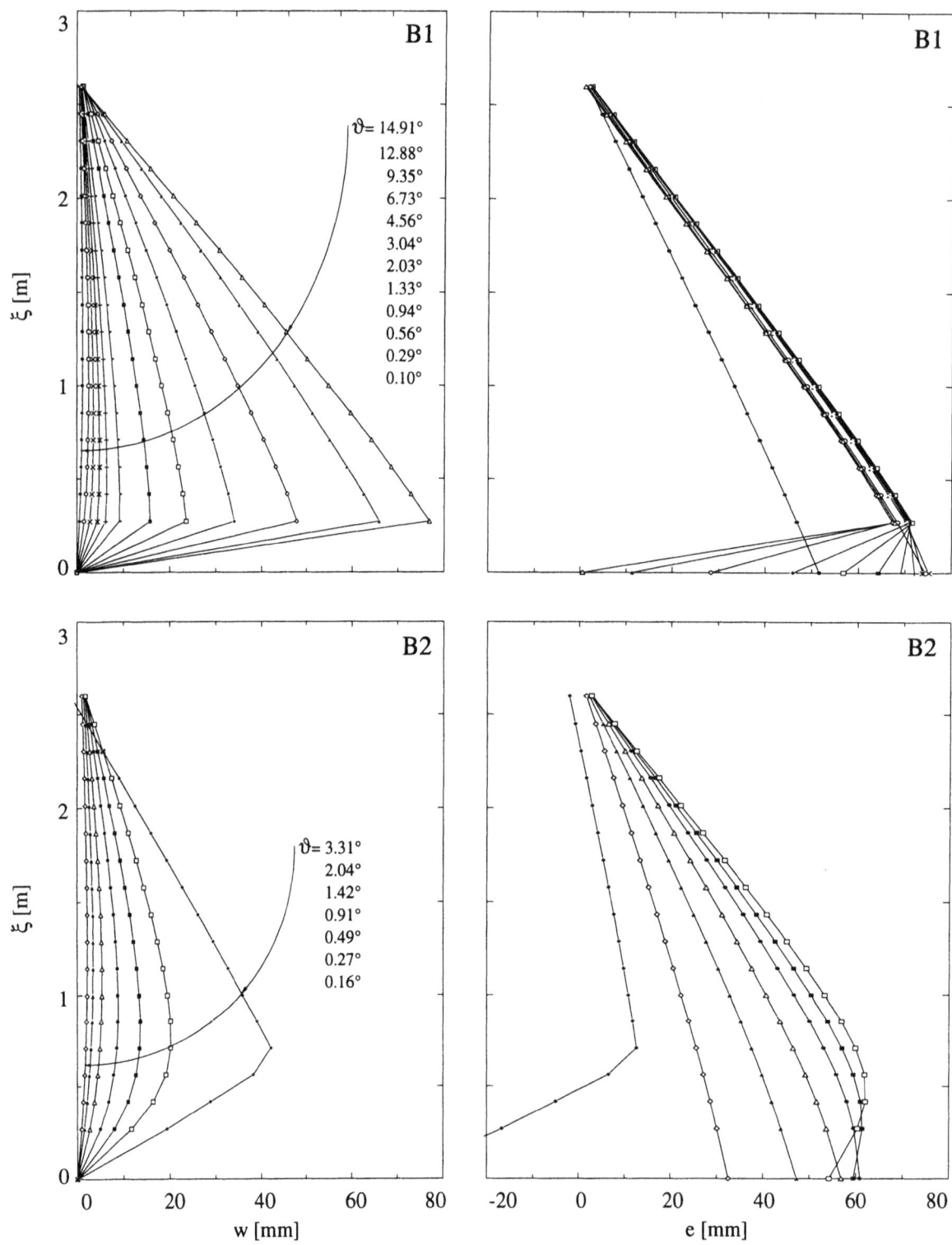

Bild 39- Auslenkungen und Exzentrizitäten der Wände B1 und B2

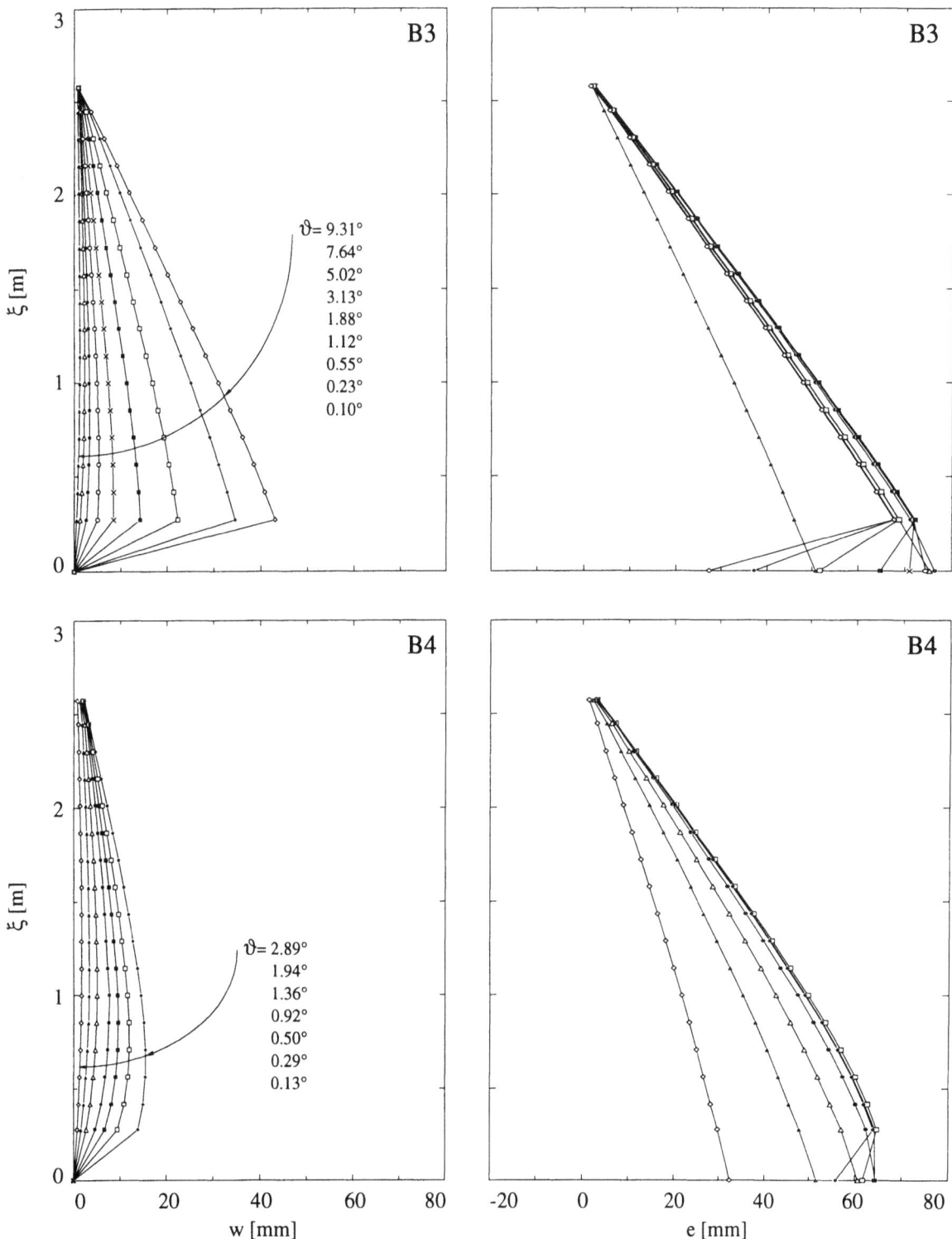

Bild 40- Auslenkungen und Exzentrizitäten der Wände B3 und B4

Versuchsresultate

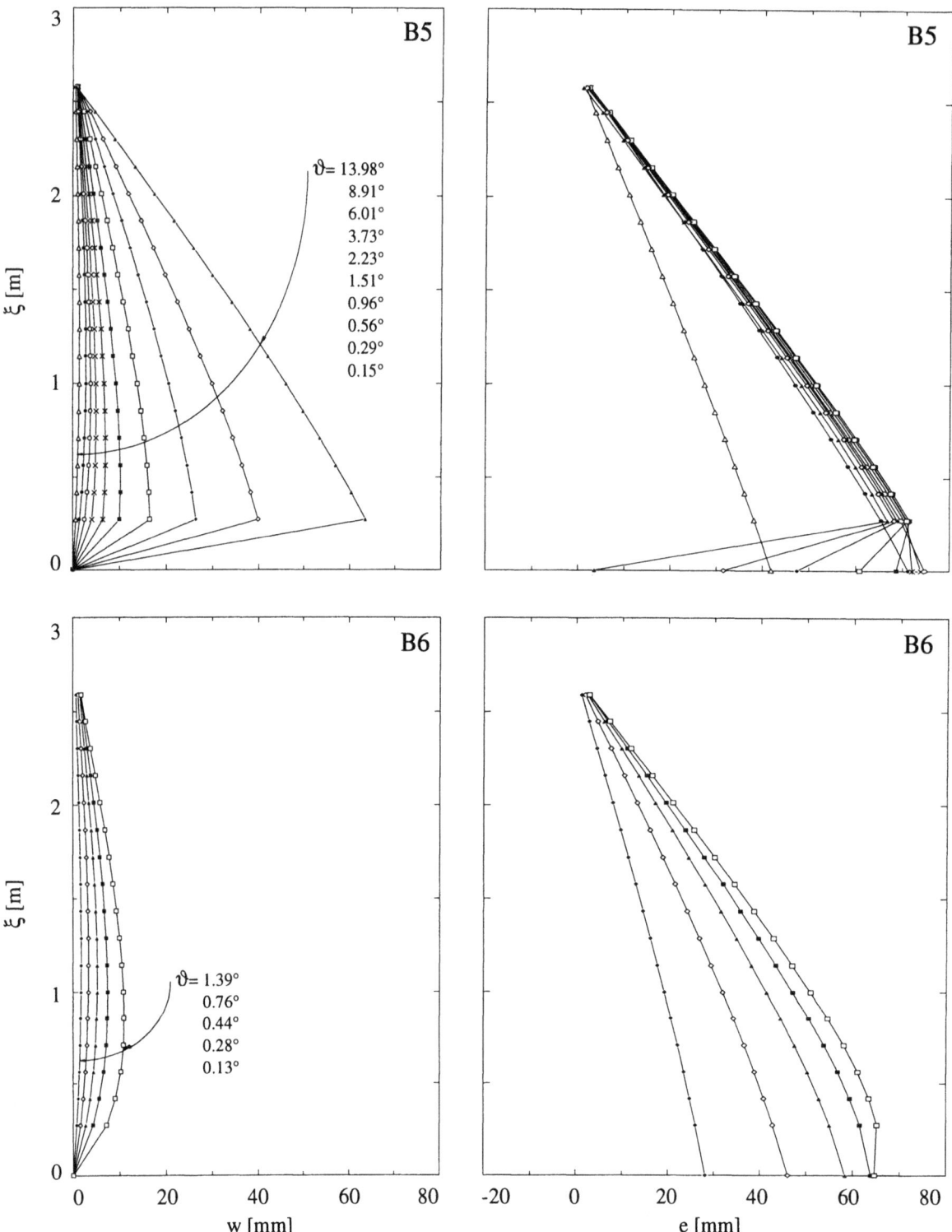

Bild 41- Auslenkungen und Exzentrizitäten der Wände B5 und B6

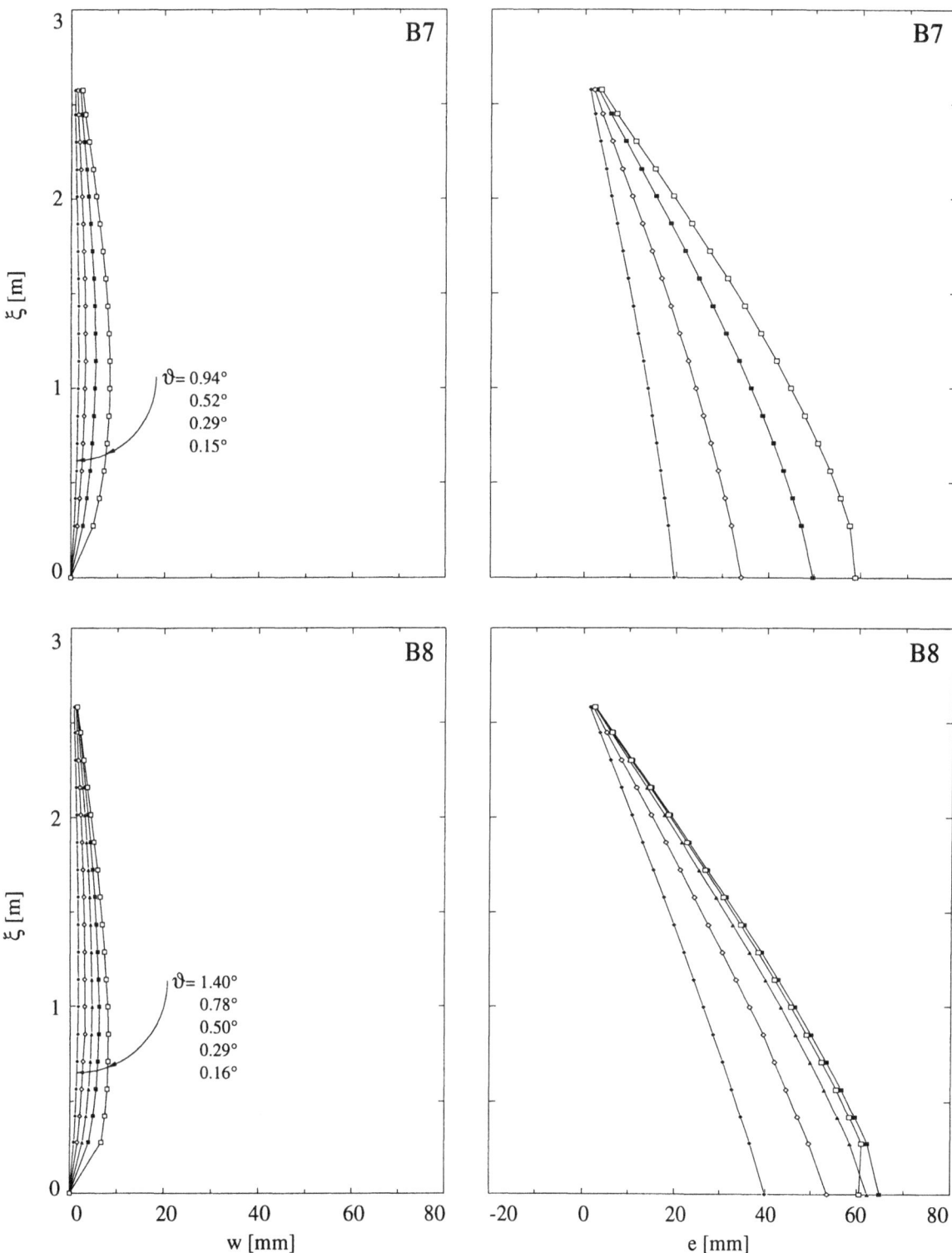

Bild 42- Auslenkungen und Exzentrizitäten der Wände B7 und B8

Versuchsresultate

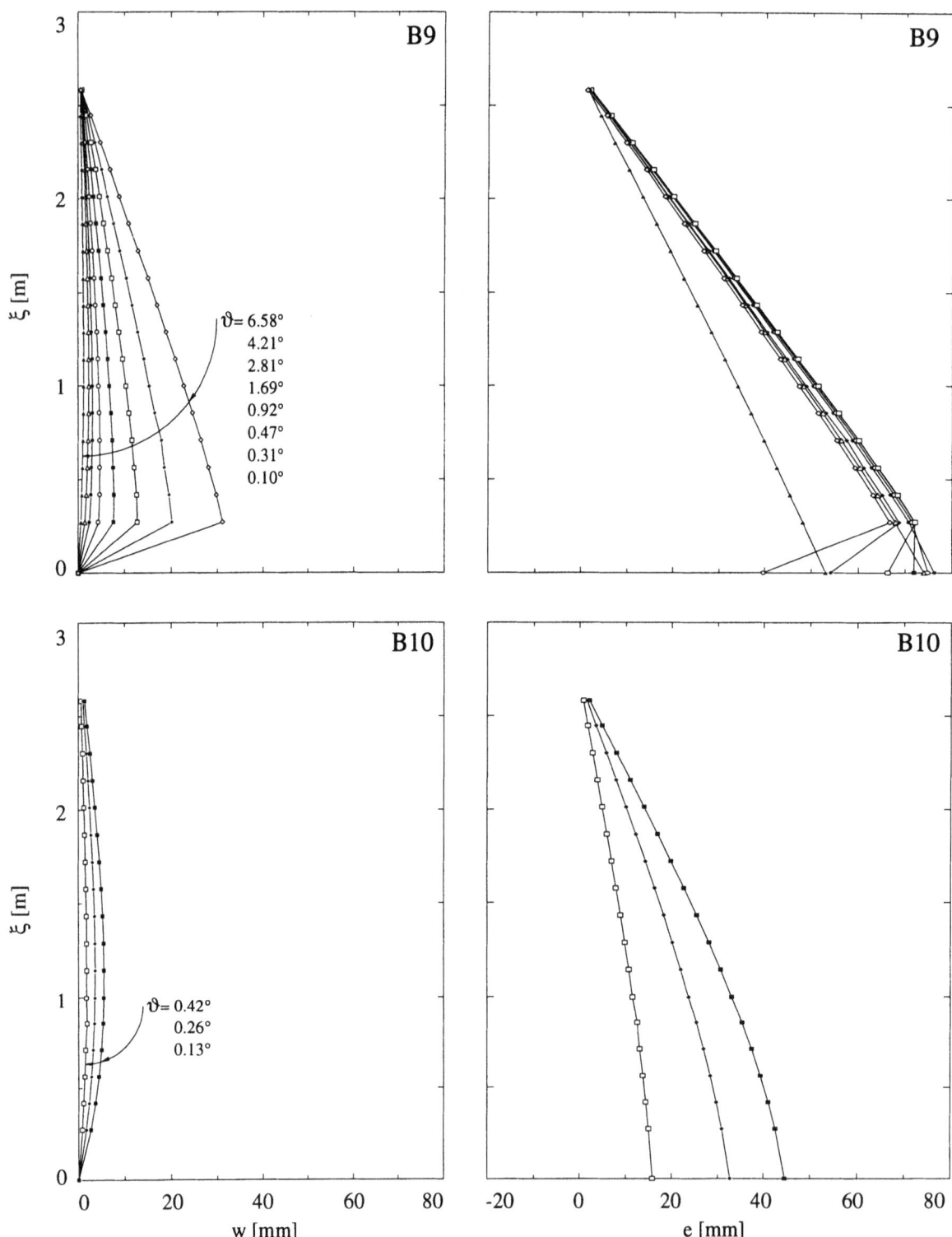

Bild 43- Auslenkungen und Exzentrizitäten der Wände B9 und B10

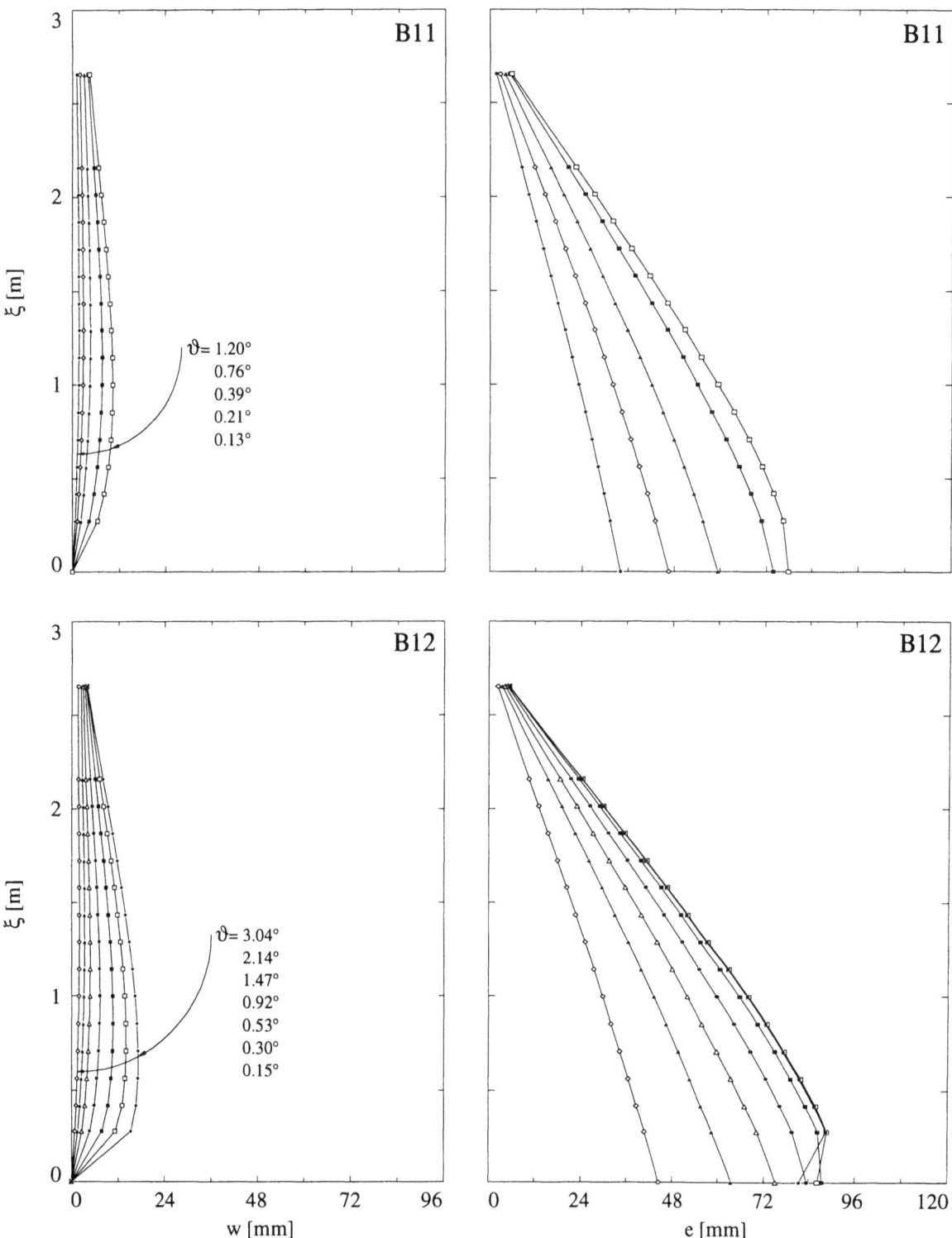

Bild 44- Auslenkungen und Exzentrizitäten der Wände B11 und B12

Versuchsresultate

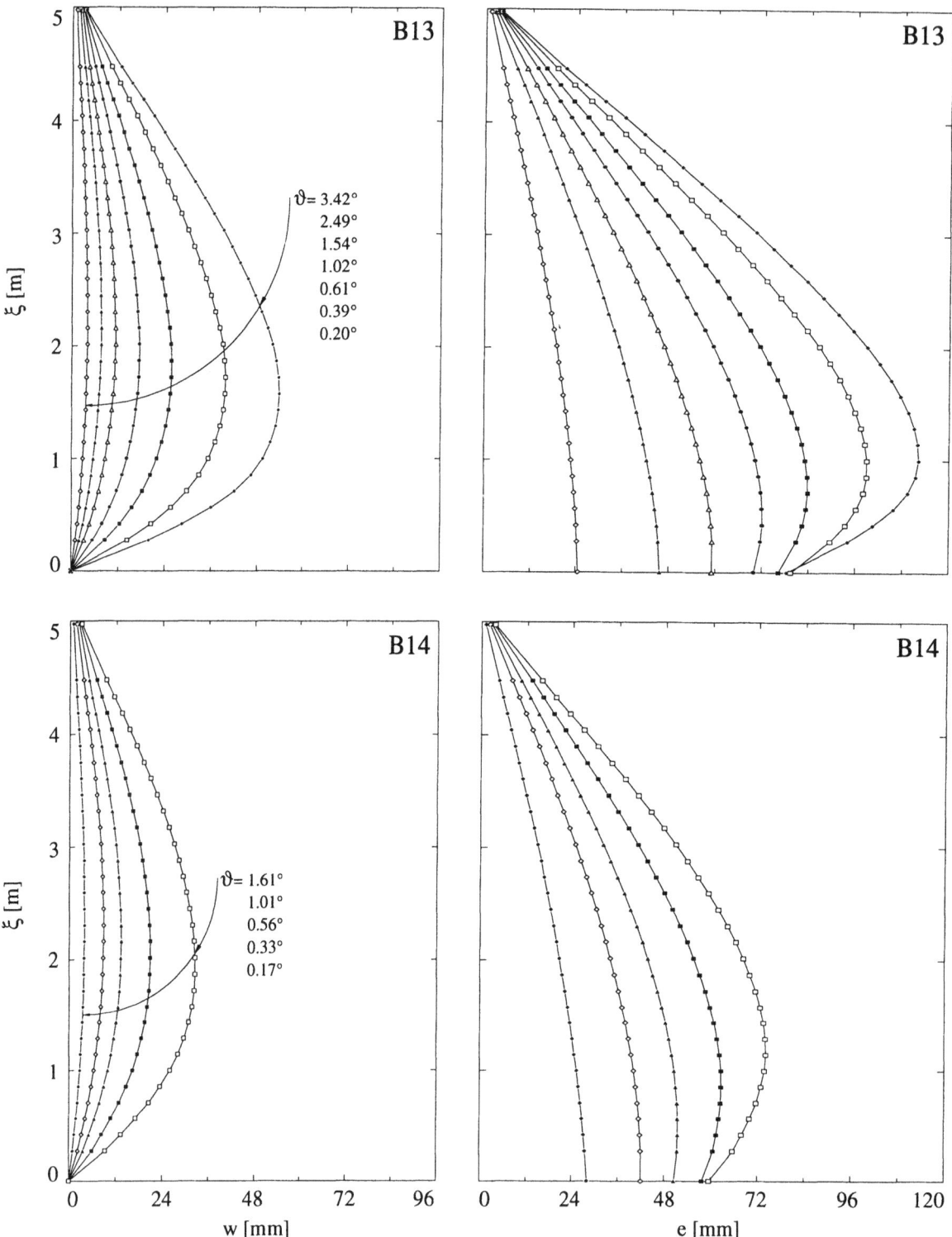

Bild 45- Auslenkungen und Exzentrizitäten der Wände B13 und B14

5.3.3 Exzentrizität-Krümmungs-Beziehungen

Die Krümmung wurde aus den gemessenen Verzerrungen bestimmt. Die Messbasen an den beiden Oberflächen der Wand erstreckten sich jeweils über eine Mörtelfuge und die beiden angrenzenden Steinhälften. Aus den gemessenen Deformationen wurden die Verzerrungen bezüglich beiden ausgewählten Koordinatsystemen ausgewertet (siehe auch Anhänge) und daraus die Krümmungen ermittelt. Durch Zuordnen der Krümmungen zu den entsprechenden Exzentrizitäten auf der Höhe der Mörtelfuge im jeweiligen Messbereich wurden die in den Bildern 46 bis 53 dargestellten Exzentrizität-Krümmungs-Kurven gewonnen. Alle Werte der Krümmungen bei den Wänden Z3 und Z6 waren kleiner als 2.5 km^{-1}. Demzufolge wurden die Exzentrizität-Krümmungs-Beziehungen dieser Versuche nicht dargestellt.

Bis zur Risslast weisen die Exzentrizität-Krümmungs-Beziehungen einen linearen Verlauf auf. Danach werden die Kurven flacher und nehmen entweder einen horizontalen Verlauf an oder brechen abrupt ab. Mit wachsender Normalkraft zeigen die Kurven einen flacheren Verlauf. Dies gilt auch für abnehmende Fugenneigung.

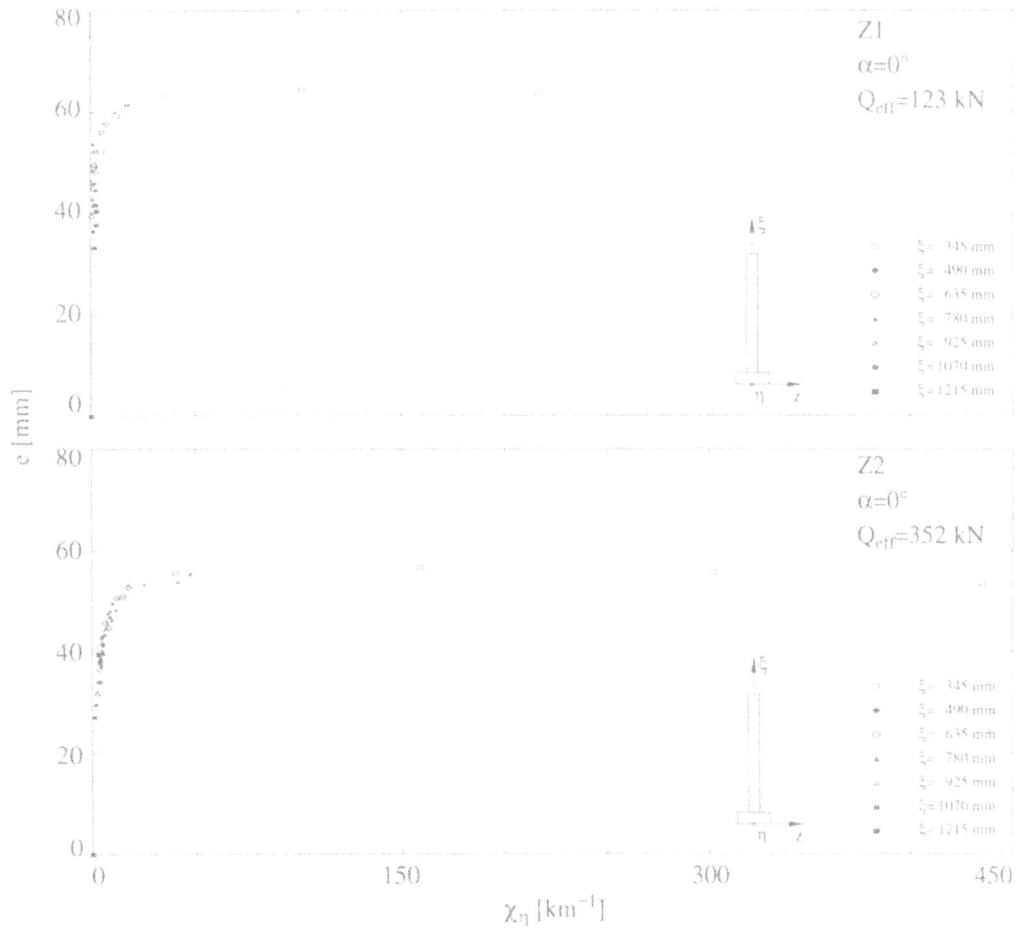

Bild 46- Exzentrizität-Krümmungs-Beziehungen für Wände mit horizontalen Fugen

Versuchsresultate

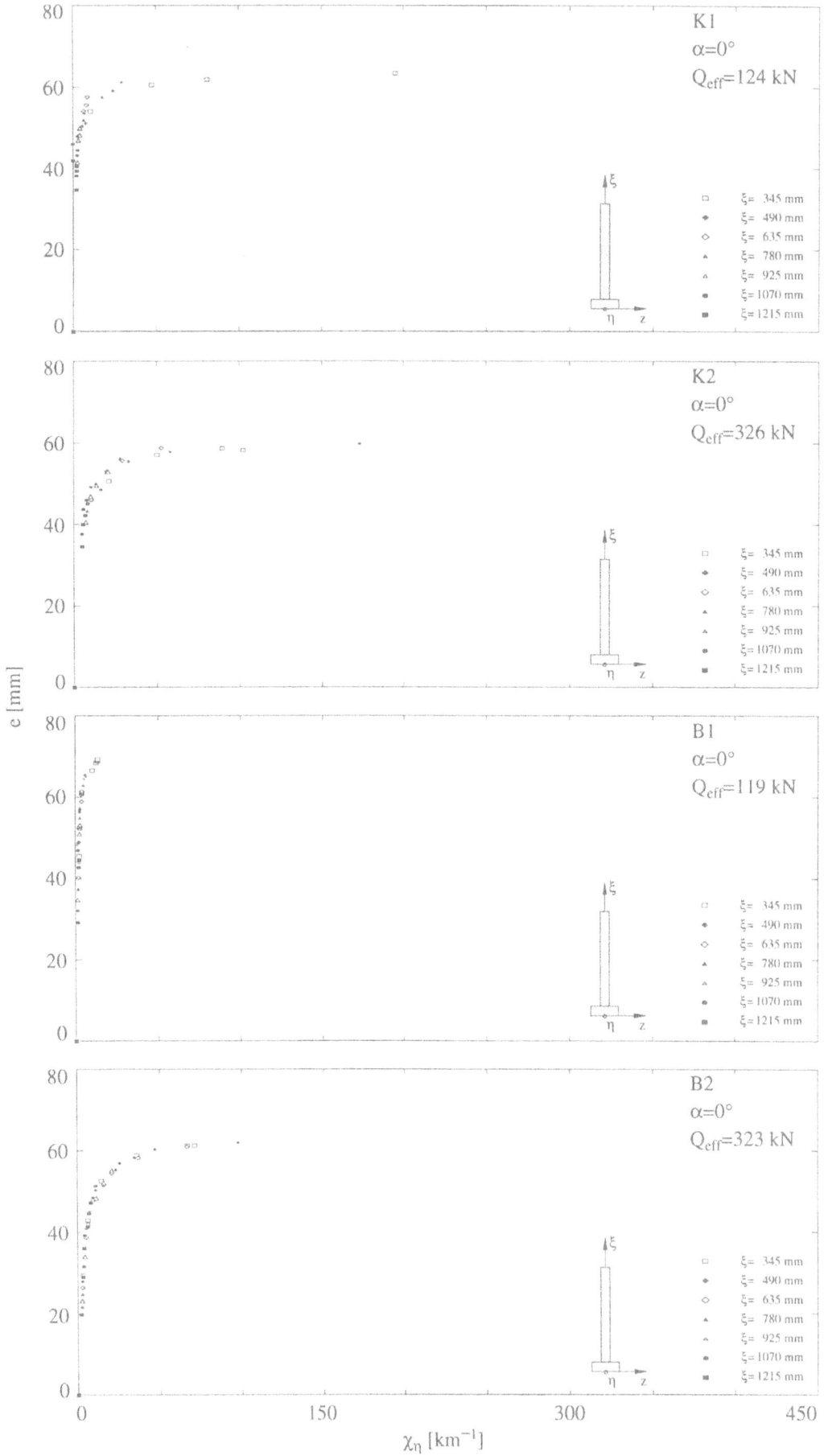

Bild 47- Exzentrizität-Krümmungs-Beziehungen für Wände mit horizontalen Fugen

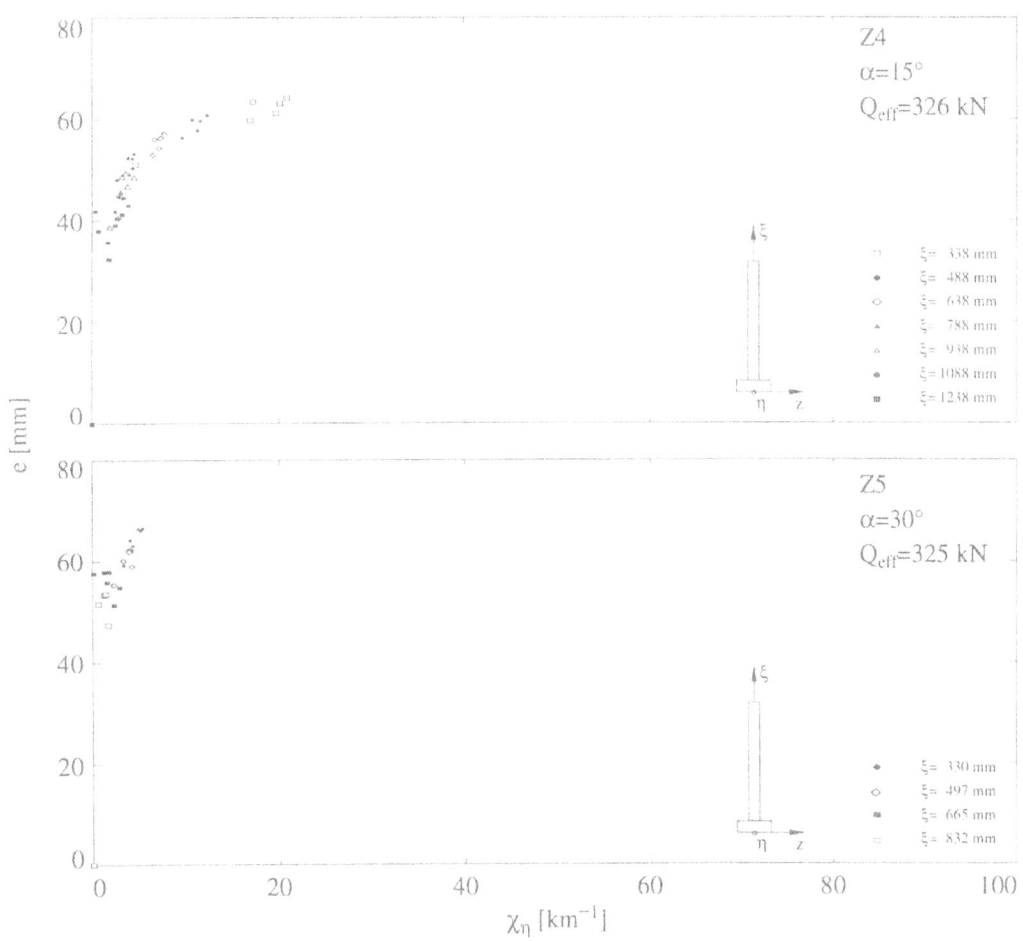

Bild 48- Exzentrizität-Krümmungs-Beziehungen für Zementsteinwände

Versuchsresultate

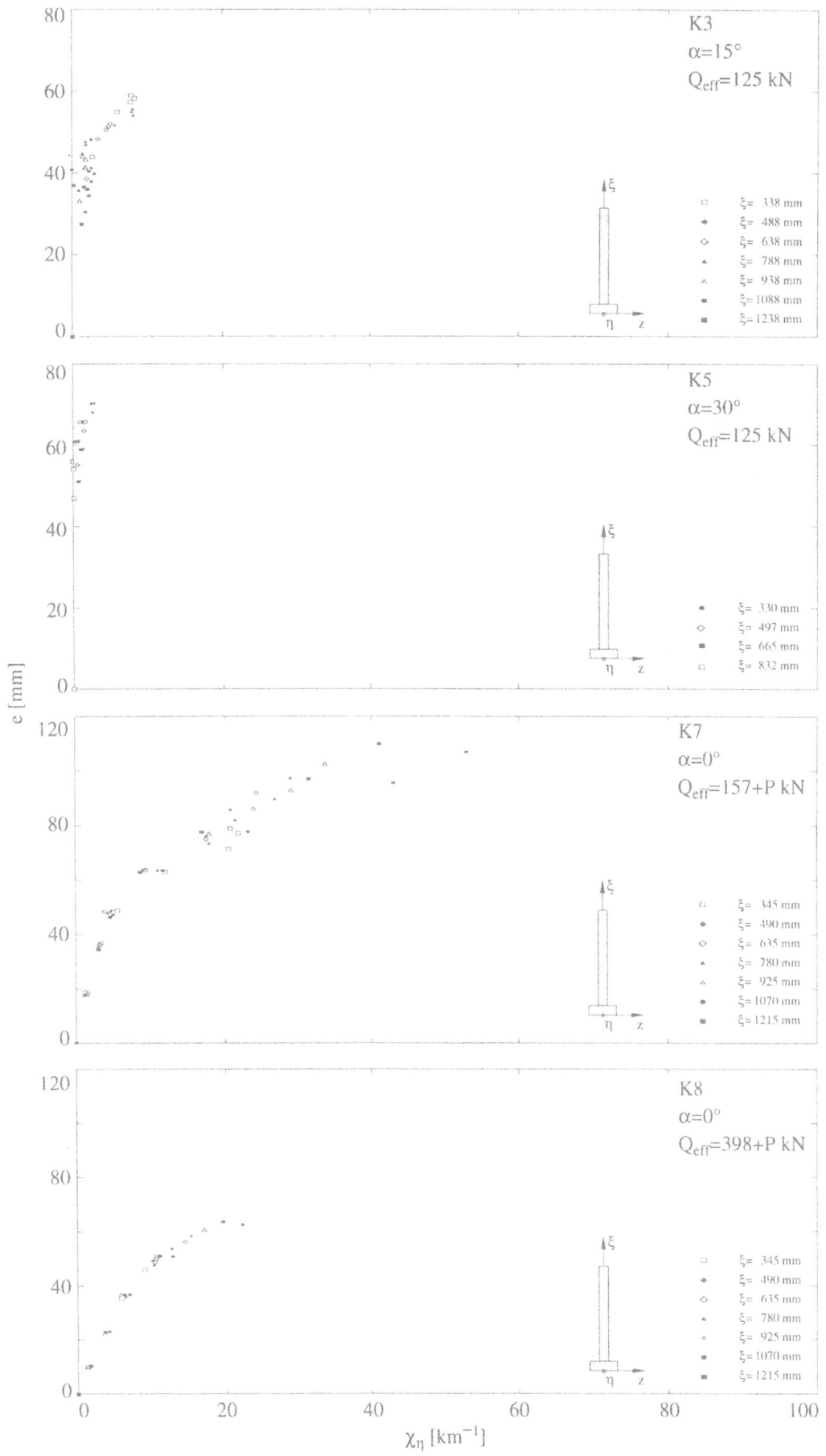

Bild 49- Exzentrizität-Krümmungs-Beziehungen für Kalksandsteinwände

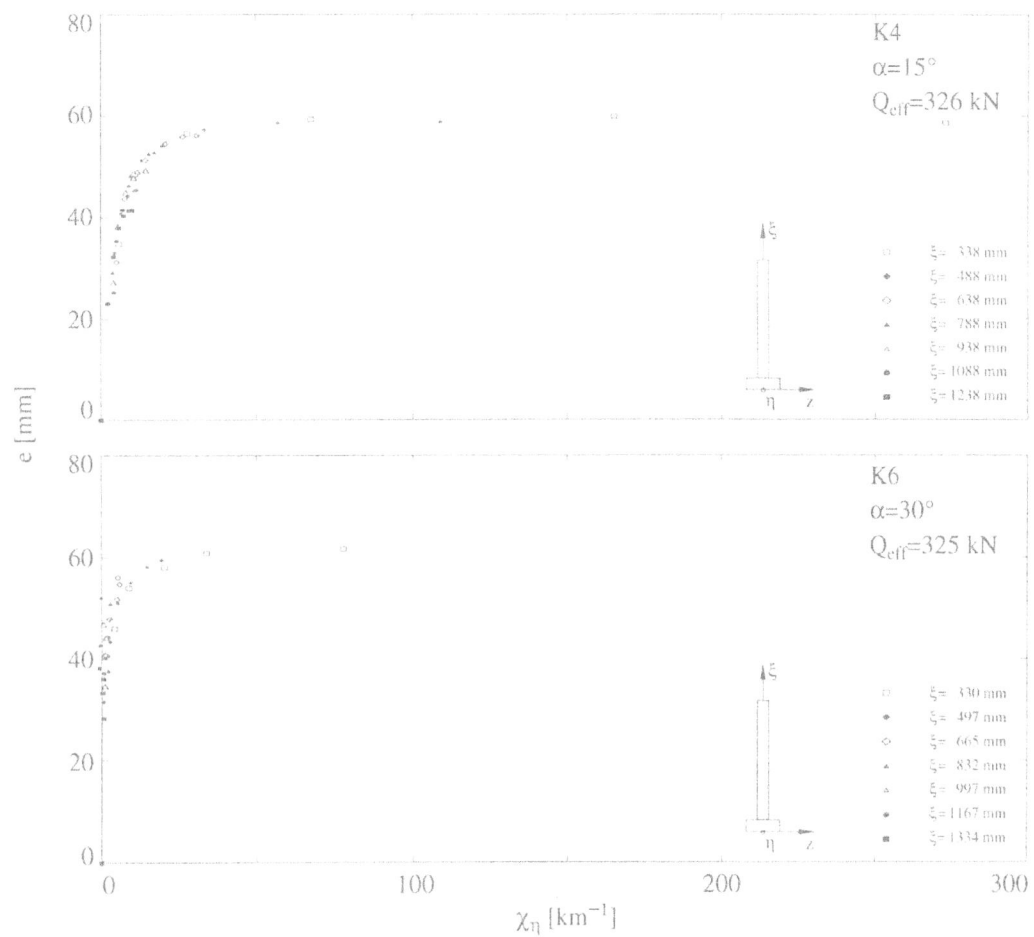

Bild 50- Exzentrizität-Krümmungs-Beziehungen für Kalksandsteinwände

Versuchsresultate

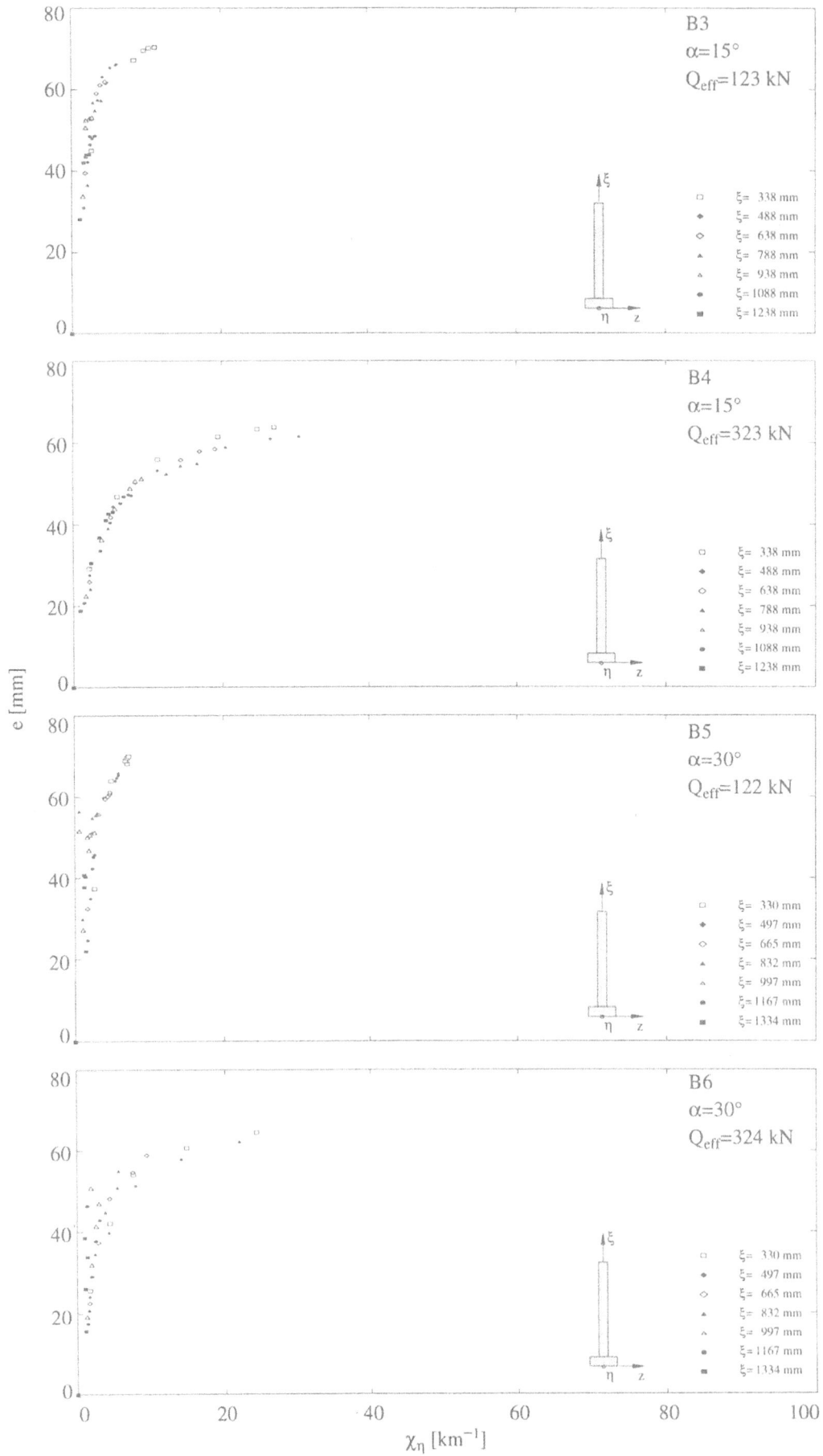

Bild 51- Exzentrizität-Krümmungs-Beziehungen für Backsteinwände

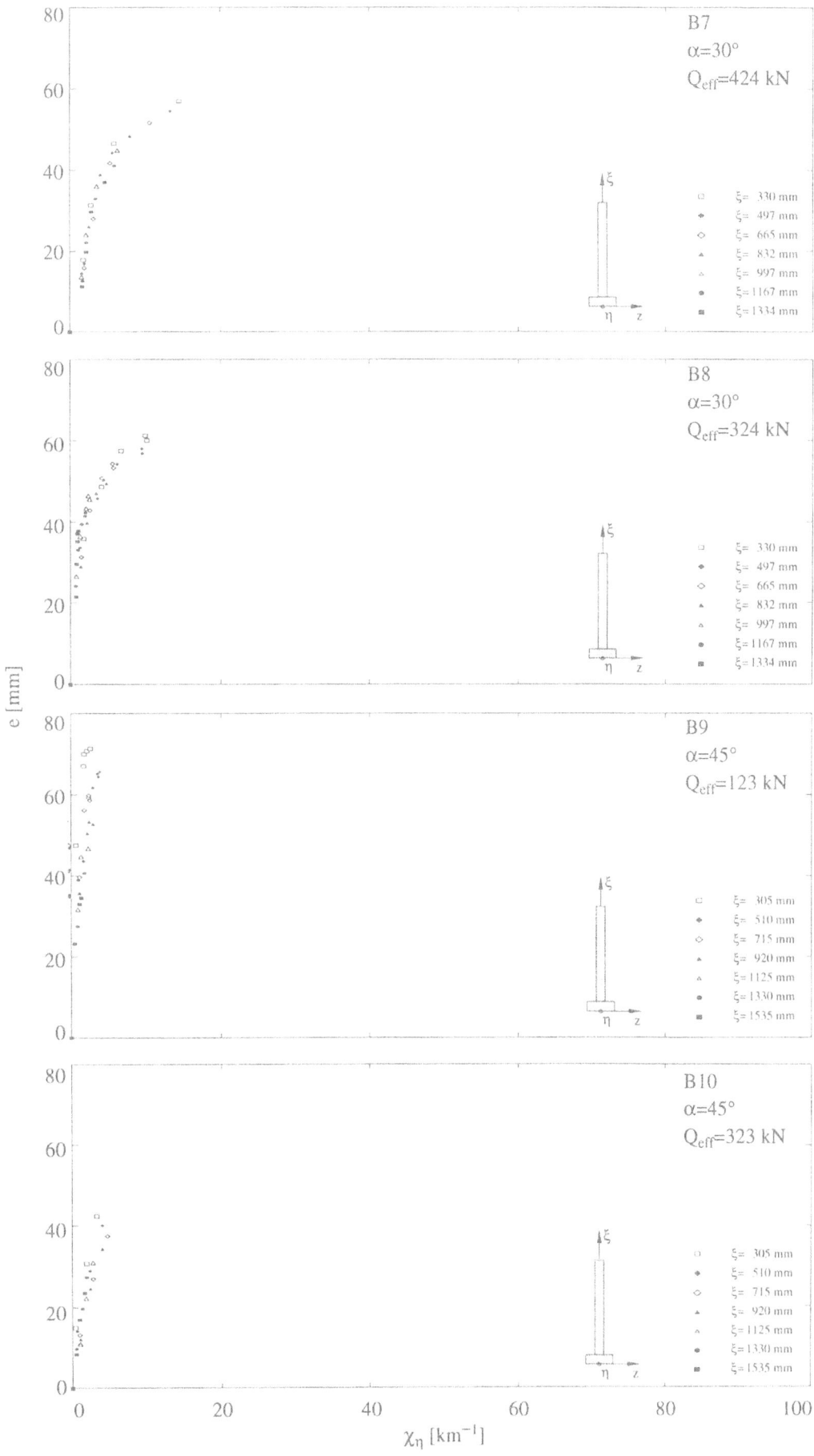

Bild 52- Exzentrizität-Krümmungs-Beziehungen für Backsteinwände

Versuchsresultate

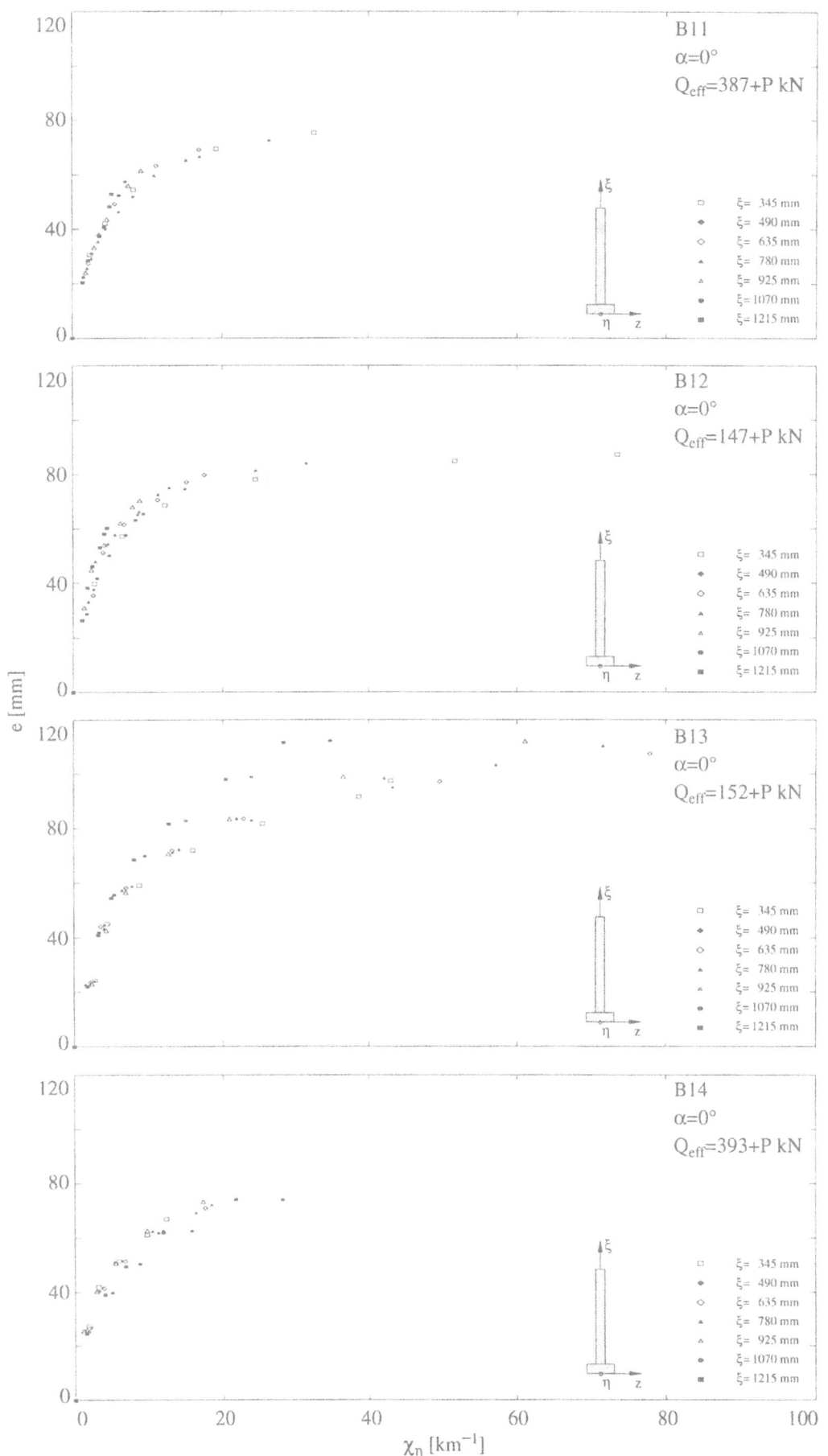

Bild 53 - Exzentrizität-Krümmungs-Beziehungen für Backsteinwände

5.3.4 Exzentrizität-Verdrehungs-Beziehungen

Der Zusammenhang zwischen der Exzentrizität der Normalkraft auf der Höhe des unteren Linienlagers und der Verdrehung des Betonsockels ist bis zum Reissen linear. Danach flachen sich die entsprechenden Kurven ab und weisen nach dem Erreichen einer maximalen Exzentrizität bis zum Bruch einen abfallenden Ast auf (Bilder 54 und 55). Bei den Versuchen mit einer Normalkraft von rund 100 kN reichte die durch die Versuchseinrichtung beschränkte Verdrehung (ca. 15°) nicht aus, um in der Wand einen Bruch zu erzielen. In diesen Fällen wurde der Bruch durch eine Erhöhung der Normalkraft bei gleichgebliebener Verdrehung erzwungen (Tabelle 11).

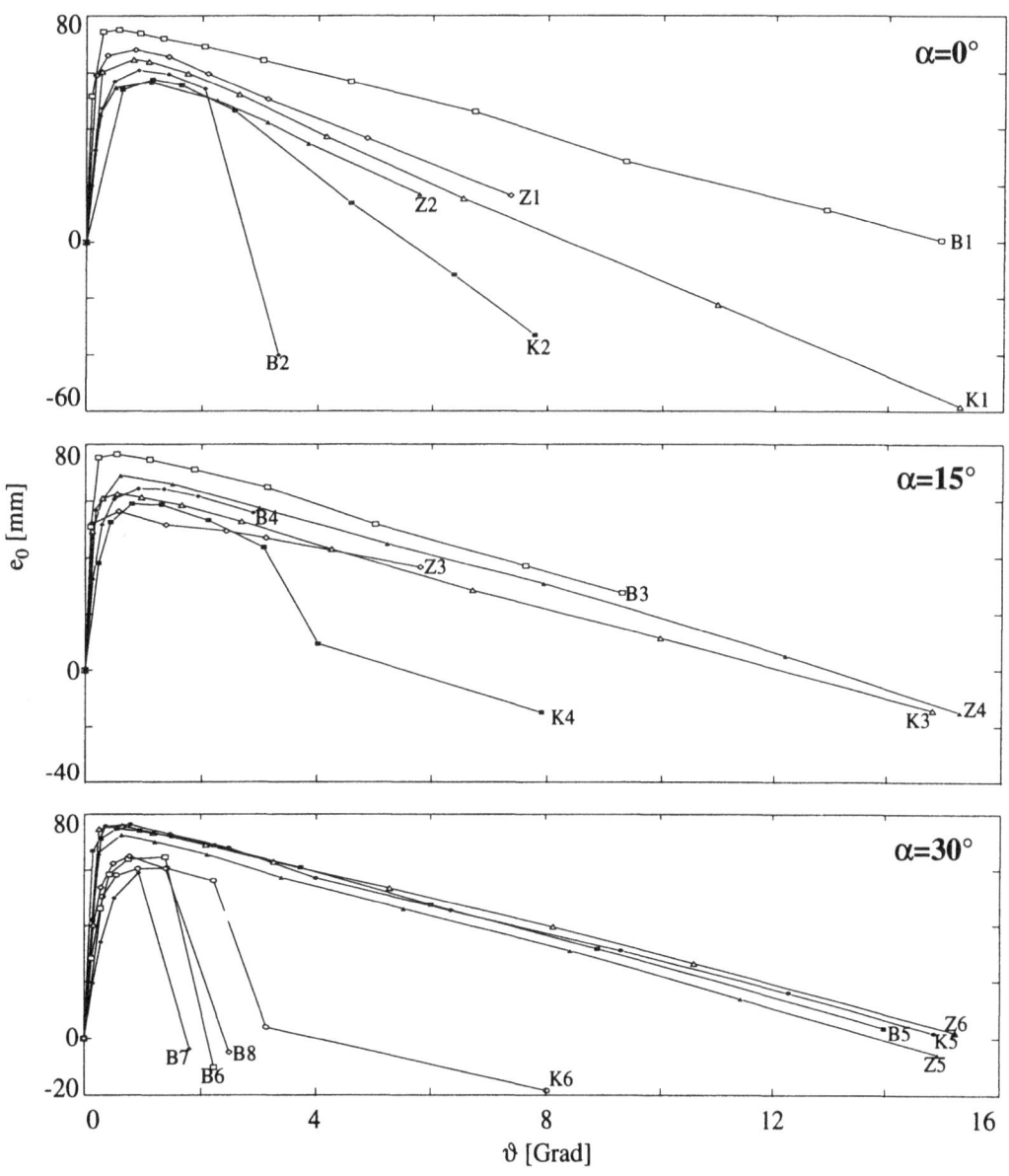

Bild 54- Exzentrizität-Verdrehungs-Beziehungen für verschiedene Lagerfugenneigungen

Versuchsresultate

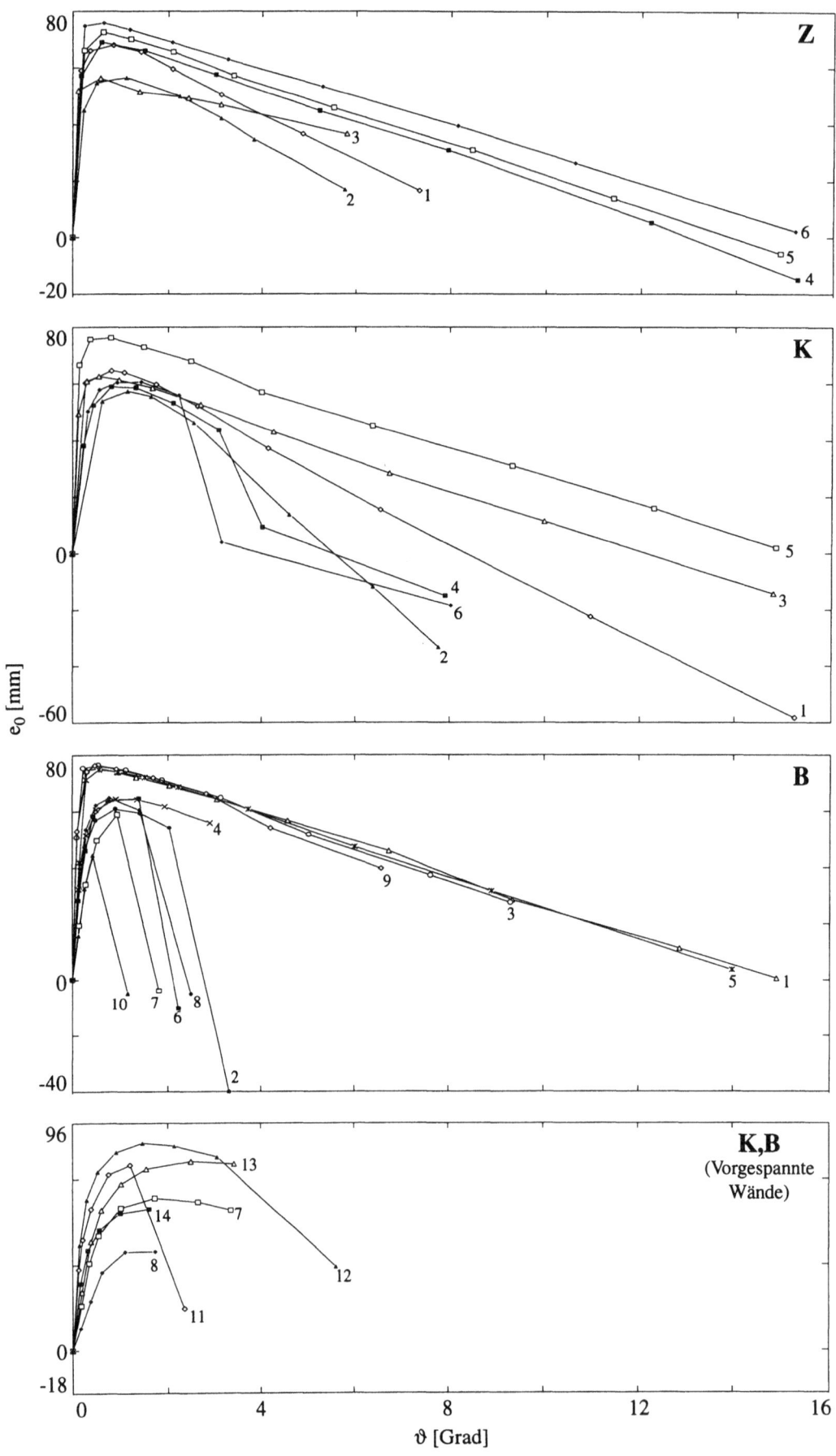

Bild 55- Exzentrizität-Verdrehungs-Beziehungen für verschiedene Wände

Zusammenfassung

Im Rahmen des Forschungprojektes "Mauerwerk unter kombinierter Beanspruchung" wurden am Institut für Baustatik und Konstruktion der ETH Zürich Versuche an 28 Mauerwerkswänden und 20 Kleinkörpern durchgeführt.

Ziel dieser Versuche war es, das Trag- und Bruchverhalten von kombiniert beanspruchtem Mauerwerk zu untersuchen. Als Versuchsparameter wurden gewählt: Steinsorte, Normalkraftniveau, Neigung der Lagerfugen und Verstärkung der Wände durch Lagerfugenbewehrung oder Vorspannung.

Bei den Wandversuchen wurden die stockwerkshohen Wände zunächst einer Normalkraft Q unterworfen, die in der Folge konstant gehalten wurde. Anschliessend wurde die Fussverdrehung ϑ durch Aufbringen eines Momentes Q·e sukzessive gesteigert, bis ein Versagen auftrat. Dabei wurden Normalkräfte, Fussverdrehungen, Vorspannkräfte, Durchbiegungen, Verzerrungen und Risse gemessen.

Die Ergebnisse der Wandversuche lassen sich wie folgt zusammenfassen:

- Das Verhalten der Wände wurde stark vom Normalkraftniveau beeinflusst. Mit wachsender Normalkraft nahm die Fussverdrehung, bei der die ersten Risse auftraten, zu, währenddem die Verdrehung, bei der die Wand brach, sich verminderte. Bei kleiner Normalkraft konzentrierten sich die Risse im unteren Teil der Wand. Bei grosser Normalkraft verteilten sich die entsprechend feineren Risse auf mehrere Fugen. Eine besonders gute Rissverteilung wiesen die vorgespannten Wände auf. Grösseren Normalkräften entsprachen kleinere maximale Exzentrizitäten und ein flacherer Verlauf der Exzentrizität-Krümmungs-Beziehung. Mit zunehmender Normalkraft verschob sich der Ort der grössten Auslenkung gegen die Wandmitte hin.

- Mit zunehmender Lagerfugenneigung nahm die Fussverdrehung, bei der die ersten Risse auftraten, zu, und die Verdrehung, bei der die Wand brach, verminderte sich. Mit abnehmendem Fugenneigungswinkel zeigten die Exzentrizität-Krümmungs-Beziehungen einen flacheren Verlauf. Den grösseren Neigungswinkeln bei den Zement- und Kalksandsteinwänden entsprachen grössere maximale Exzentrizitäten. Mit steigender Fugenneigung verschob sich der Ort der grössten Auslenkung gegen die Wandmitte hin.

- Die Backsteinwände verhielten sich meistens sehr spröd. Ein duktileres Verhalten wurde bei den Kalksandsteinwänden und bei den Zementsteinwänden mit horizontalen Lagerfugen festgestellt. Aufgrund der durchgeführten Versuche an Zementstein-

Zusammenfassung

wänden mit geneigten Fugen kann keine Aussage über die Duktilität dieser Wände gemacht werden. Die Backsteinwände erreichten grössere maximale Exzentrizitäten als die Zement- und Kalksandsteinwände.

Die Kleinkörperversuche dienten der Bestimmung der Mauerwerkskennwerte. Zusätzlich wurden auch Last-Verzerrungs-Beziehungen ermittelt. Die Ergebnisse der Kleinkörperversuche lassen sich wie folgt zusammenfassen:

- Das Bruchverhalten war im allgemeinen recht spröd, mit Ausnahme der bewehrten Backstein-Kleinkörper. Bei einigen Versuchen erfolgte der Bruch abrupt, insbesondere bei den Kalksandstein-Kleinkörpern. Als Brucharten wurden sowohl vertikales Aufreissen der Steine als auch Fugenversagen beobachtet. Aus den Bruchlasten wurden mit der Bruchbedingung für Mauerwerk ohne Zugfestigkeit [11] die Mauerwerkskennwerte f_x, f_y, c und φ ermittelt.

- Aus den Verschiebungen des Messnetzes wurden Last-Verzerrungs-Diagramme und Steifigkeitswerte bestimmt. Das Rissbild wurde stark von der Lagerfugenneigung beeinflusst. Bei horizontalen und wenig geneigten Lagerfugen bildeten sich Risse ausschliesslich in den Steinen und Stossfugen. Bei grösserem Neigungswinkel der Lagerfugen bildeten sich Risse auch in den Lagerfugen.

Résumé

Dans le cadre du projet de recherche "Maçonnerie sous sollicitation combinée", des essais sur 28 murs en maçonnerie et 20 échantillons ont été conduits à l´Institut de Statique et Construction de l´Ecole Polytechnique Fédérale de Zürich.

Le but des essais était d´étudier le comportement des structures porteuses et leur mode de rupture sous sollicitation combinée. Les paramètres choisis comprenaient: le type de brique, l´intensité de l´effort normal, l´inclinaison des lits de pose ainsi que le renforcement des murs par l´armature passive dans les joints ou par précontrainte verticale.

Lors de ces essais, on a tout d´abord soumis les murs d´une hauteur d´un étage à un effort normal Q en le maintenant constant. Ensuite, en imposant le moment Q·e, la rotation ϑ en pied de mur a été augmentée jusqu´à la rupture. En même temps, la rotation en pied de mur, les forces de précontrainte, les flèches, les déformations, les fissures et les efforts normaux ont été mesurés.

Les résultats des essais peuvent être résumés comme suit:

- Le comportement des murs a été principalement influencé par le niveau de l´effort normal. Pour un effort normal plus grand, les premières fissures apparurent après une plus grande rotation en pied de mur, alors que la ruine fut atteinte avec une rotation finale plus faible. Sous un effort normal faible, les fissures se concentrèrent dans la partie inférieure des murs. Sous un effort normal élevé, de petites fissures se répartirent sur plusieurs joints. Une très bonne répartition des fissures a été observée dans les murs précontraints. Des efforts normaux élevés produisirent des excentricités maximales faibles et exprimèrent une relation entre l´excentricité et la courbure plus plane. En augmentant l´effort normal, le point du déplacement horizontal maximal se déplaça vers le milieu du mur.

- Avec une inclinaison plus importante du lit de pose, les premières fissures apparurent après une plus grande rotation en pied de mur, alors que la ruine fut atteinte avec une rotation finale plus faible. Avec un lit de pose faiblement incliné, la relation excentricité-courbure présente un comportement plus plat. Les angles d´inclinaison les plus élevés des murs en briques de ciment et en briques silico-calcaire correspondaient aux excentricités maximales les plus élevées. En augmentant l´inclinaison des lits de pose, le point du déplacement horizontal maximal se déplaça vers le milieu du mur.

Résumé

- Les murs en terre cuite se montrèrent souvent fragiles. Un comportement plus ductile a été observé dans le cas des murs en brique silico-calcaire et ceux en brique de ciment, avec les lits de pose horizontaux. Les essais sur les murs en brique de ciment aux lits de pose inclinés ne permettent pas de se prononcer sur leur ductilité. Les murs de terre cuite montrèrent des excentricités maximales plus élevées que ceux en briques de ciment ou ceux en briques silico-calcaire.

Les paramètres pour la maçonnerie ont été déterminés par les essais sur les échantillons. La relation charge-déformation a ainsi pu être déterminée. Les résultats des essais sur les échantillons peuvent être résumés comme suit:

- Dans la plus part des cas, à l'exception des échantillons en terre cuite avec joints armés, un comportement fragile a été observé. Certains essais ont dénoncé des ruptures abruptes, surtout avec les échantillons en briques silico-calcaire. Les modes de rupture étaient soit une fissuration verticale des briques, soit des défaillances des joints. Les paramètres f_x, f_y, c et φ ont été déterminés sur la base de la charge de rupture et des critères de rupture pour la maçonnerie sans résistance à la traction [11].

- Les diagrammes de charge-déformation spécifiques et les paramètres de rigidité ont été obtenus sur la base des déformations du réseau de mensuration. L'aspect des fissures fut fortement influencé par l'inclinaison des lits de pose. Avec des lits de pose horizontaux ou peu inclinés, les fissures ne se sont formées que dans les briques et les joints verticaux. Avec un angle d'inclinaison des lits de pose plus élevé, les fissures se développèrent aussi dans les joints horizontaux.

Summary

As a part of the research project "Masonry Subjected to Combined Actions" 28 rotation tests and 20 compression tests were performed at the Institute of Structural Engineering of the Swiss Federal Institute of Technology (ETH) in Zurich.

The objective of these tests was to observe the behaviour of masonry walls subjected to combined in-plane loads and imposed deformations up to failure. Test parameters included the brick type, the normal force level, the bed joint inclination and strengthening of the walls through bed joint reinforcement or post-tensioning steel.

The rotation test specimens were subjected to a constant normal force and a progressive rotation of the bottom end. Normal forces, rotations at the bottom end, effective prestressing forces, deflections, strains and cracks were monitored.

The results of the rotation tests can be summarized as follows:

- The behaviour of the walls was strongly influenced by the normal force. An increased normal force resulted in a larger rotation at first cracking, but a smaller rotation at failure. For moderate normal forces, cracks were concentrated in the bottom part of the walls. For large normal forces and post-tensioned walls the curvature was more uniformly distributed and several narrower cracks developed. Large normal forces produced smaller maximum eccentricities at the bottom end of the wall and caused flattening of the eccentricity-curvature curve. Large normal forces caused the point of maximum deflection to move up towards the middle of the wall.

- An increased bed joint inclination resulted in a larger rotation at first cracking, but a smaller rotation at failure. The eccentricity-curvature curve flattened with decreased bed joint inclination. Concrete and calcium-silicate block walls exhibited larger maximum eccentricities with increased bed joint inclination. Steep bed joints caused the point of maximum deflection to move up towards the middle of the wall.

- Generally, the clay brick walls behaved in a very brittle manner. The response of the calcium-silicate block walls as well as that of concrete block walls with horizontal bed joints was more ductile; regarding concrete block walls with inclined bed joints such a statement cannot be made based on the present tests. The clay brick walls exhibited larger maximum eccentricities than the concrete and calcium-silicate block walls.

Summary

Masonry strength parameters (f_x, f_y), cohesion (c) and angle of internal friction (φ) in bed joints were obtained from twenty compression tests. Associated load-strain curves were also determined.

The results of the compression tests can be summarized as follows:

- With the exception of two reinforced clay brick specimens the specimens behaved in a brittle manner. The failure of some specimens occurred abruptly, especially for calcium-silicate block walls. Both splitting failure of units and sliding failure in bed joints were observed. The masonry parameters f_x, f_y, c and φ were determined from the failure loads using a failure criterion for masonry neglecting the tensile strength [11].

- Load-strain relationships and elastic moduli were obtained from the displacements of the measurement net. The crack pattern was strongly influenced by the inclination of the bed joints; for small inclinations cracks appeared in bricks and head joints only; for steeper inclinations cracks were also observed in the bed joints.

Verdankungen

Der vorliegende Versuchsbericht wurde im Rahmen des Forschungsprojektes "Mauerwerk unter kombinierter Beanspruchung" am Institut für Baustatik und Konstruktion der ETH Zürich ausgearbeitet. Für die grosszügige finanzielle Unterstützung möchten die Verfasser der Kommission zur Förderung der wissenschaftlichen Forschung (KWF), dem Verband der Schweizerischen Ziegelindustrie (VSZ), den Kalksandsteinfabrikanten AG Hunziker, Fbb Hinwil, Hard AG Volketswil (KSF), der Union des Fabriquants des Produits en Béton de la Suisse Romande (UFPB) und dem Schweizerischen Verband der Betonwaren-Fabrikanten (BWF) aufrichtig danken.

Das Forschungsprojekt wird von einer Beratenden Kommission begleitet, die aus folgenden Mitgliedern besteht: Dr. R. Furler, H. Gubler, Dr. G. Marchand, M. J. Michod, W. Nydegger, U. Winiger und E. Zwahlen. Für die wertvolle Unterstützung sei hiermit bestens gedankt.

Die Herstellung der Versuchskörper erfolgte durch die Firma ZZ Ziegleien. Sowohl die Steinnormprüfungen als auch die Versuche an den RILEM-Körpern wurden am Prüf- und Forschungsinstitut der Schweizerischen Ziegelindustrie in Sursee durchgeführt. Die Stahlbetonsockel für die Wandversuche wurden an der EMPA in Dübendorf hergestellt. Die Firma Thomas Brühwiler AG lieferte die Steine für Zementsteinversuche. Firma VSL International AG stellte die Spannglieder für die vorgespannten Wände zur Verfügung und spannte diese Wände auch vor. Die Verfasser möchten allen an diesen Arbeiten Beteiligten, vor allem aber Herrn A. Patt und Herrn H. Graber, für ihr Entgegenkommen und ihre Mitarbeit bestens danken.

Bei der Versuchsdurchführung haben die Herren K. Bucher, D. Döring, Ch. Florin, P. Brenni, G. Ernst und M. Alvarez mitgewirkt. Die messtechnischen Probleme hat Herr M. Baumann bearbeitet. Bei der Gestaltung des Versuchsberichts hat Herr E. Honegger mitgewirkt. Allen sei für gute Mitarbeit bestens gedankt.

Literatur

1. Furler, R., und Thürlimann, B., "Versuche über die Rotationsfähigkeit von Backsteinmauerwerk," *Bericht* No. 7502-1, Institut für Baustatik und Konstruktion, ETH Zürich, Sept. 1977, 95 pp.

2. Furler, R., und Thürlimann, B., "Versuche über die Rotationsfähigkeit von Kalksandstein-Mauerwerk," *Bericht* No. 7502-2, Institut für Baustatik und Konstruktion, ETH Zürich, Sept. 1980, 44 pp.

3. Furler, R., "Tragverhalten von Mauerwerkswänden unter Druck und Biegung," *Bericht* No. 109, Institut für Baustatik und Konstruktion, ETH Zürich, Feb. 1981, 142 pp.

4. Schwartz, J., und Thürlimann, B., "Versuche über die Rotationsfähigkeit von Zementsteinmauerwerk," *Bericht* No. 8401-1, Institut für Baustatik und Konstruktion, ETH Zürich, Sept. 1986, 114 pp.

5. Thürlimann, B., and Schwartz, J., "Design of Masonry Walls and Reinforced Concrete Columns with Column-Deflection-Curves," *Proceedings*, International Association for Bridge and Structural Engineering, V. 108, 1987, pp. 17-24.

6. Schwartz, J., and Thürlimann, B., "Masonry Walls Under Centric or Eccentric Normal Force," *Proceedings*, 8th International Brick/Block Masonry Conference, Dublin, Ireland, Sept. 1988, pp. 420-434.

7. Schwartz, J., "Bemessung von Mauerwerkswänden und Stahlbetonstützen unter Normalkraft," *Bericht* No. 174, Institut für Baustatik und Konstruktion, ETH Zürich, Okt. 1989, 141 pp.

8. Ganz, H.R., und Thürlimann, B., "Versuche über die Festigkeit von zweiachsig beanspruchtem Mauerwerk," *Bericht* No. 7502-3, Institut für Baustatik und Konstruktion, ETH Zürich, Feb. 1982, 61 pp.

9. Ganz, H.R., und Thürlimann, B., "Mauerwerksscheiben unter Normalkraft und Querkraft," *Bericht* No. 7502-4, Institut für Baustatik und Konstruktion, ETH Zürich, Mai 1984, 102 pp.

10. Ganz, H.R., and Thürlimann, B., "Strength of Brick Walls Under Normal Force and Shear," 8th International Loadbearing Brickwork Symposium, London, (Dec. 1983), *Proceedings*, British Masonry Society, No. 1, Nov. 1986, pp. 27-29.

11. Ganz, H.R., "Mauerwerksscheiben unter Normalkraft und Schub," *Bericht* No. 148, Institut für Baustatik und Konstruktion, ETH Zürich, Sept. 1985, 133 pp.

12. Guggisberg, R., und Thürlimann, B., "Versuche zur Festlegung der Rechenwerte von Mauerwerksfestigkeiten," *Bericht* No. 7502-5, Institut für Baustatik und Konstruktion, ETH Zürich, Dez. 1987, 96 pp.

13. Ganz, H.R., and Thürlimann, B., "Design of Masonry Walls Under Normal Force and Shear," *Proceedings*, 8th International Brick/Block Masonry Conference, Dublin, Ireland, Sept. 1988, pp. 1447-1457.

14. Lurati, F., Graf, H., und Thürlimann, B., "Versuche zur Festlegung der Festigkeitswerte von Zementsteinmauerwerk," *Bericht* No. 8401-2, Institut für Baustatik und Konstruktion, ETH Zürich, Jan. 1990, 85 pp.

15. Lurati, F., und Thürlimann, B., "Versuche an Mauerwerkswänden aus Zementstein," *Bericht* No. 8401-3, Institut für Baustatik und Konstruktion, ETH Zürich, Apr. 1990, 51 pp.

16. Thürlimann, B., and Guggisberg, R., "Failure Criterion for Laterally Loaded Masonry Walls: Experimental Investigations," *Proceedings*, 8th International Brick/Block Masonry Conference, Dublin, Ireland, Sept. 1988, pp. 699-706.

17. Guggisberg, R., and Thürlimann, B., "Failure Criterion for Laterally Loaded Masonry Walls," *Proceedings*, 5th North American Masonry Conference, Urbana-Champaign, Illinois, June 1990, pp. 949-958.

18. "SIA 177/2: Bemessung von Mauerwerkswänden," *Schweizerischer Ingenieur- und Architekten-Verein*, Zürich, 1992, 32 pp.

19. Schwartz, J., Weder, C., and Thürlimann, B., "The New Swiss Masonry Design Standard SIA V 177/2," *Proceedings* No. 4, British Masonry Society, London, 1990, pp. 122-124.

20. 24-BW Committee Load-bearing Walls and Masonry, "General Recommendations for Methods of Testing Load Bearing walls, "*Réunion International des Laboratoires d'Essais et de Recherches sur les Matériaux et les Constructions (RILEM)*, Paris, [s.a.]

21. "SIA 177: Mauerwerk," *Schweizerischer Ingenieur- und Architekten-Verein*, Zürich, 1980, 64pp.

22. ZZ Ziegeleien, "Murfor Mauerwerksarmierung," Zürich, 1984, 8 pp.

23. ZZ Ziegeleien, "Mauerwerk Premur," Zürich, 1989, 8 pp.

24. VSL International, "Spannverfahren," Berne, 1989, 32 pp.

25. Ganz, H.R., "New Post-Tensioning System for Masonry," *Proceedings*, 5th Canadian Masonry Symposium, Vancouver, June 1989, pp. 165-175.

26. VSL International, "Post-Tensioned Masonry Structures," VSL *Report Series*, No. 2, Berne, 1990, 35 pp.

27. Schultz, A.E., and Scolforo, M.J., "An Overview of Prestressed Masonry," *The Masonry Society Journal*, V. 10, No. 1, Aug. 1991, pp. 6-21.

28. Brinker, R., und Minnick, R., "The Surveying Handbook," Van Nostrand Reinhold, New York, 1987, 1270 pp.

Bezeichnungen

A	Bruttoquerschnittsfläche
A	Gesamt-Knotenverschiebungsvektor
B	**LH**
E	Elastizitätsmodul
E	Elastizitätsmatrix
E_x	Prüfwert des Elastizitätsmoduls in x-Richtung
E_y	Prüfwert des Elastizitätsmoduls in y-Richtung
$\mathbf{F}_0$	Lastvektor
G_{xy}	Prüfwert des Schubmoduls
H	Matrix der Verschiebungsansätze
K	Gesamt-Steifigkeitsmatrix
$\mathbf{K}^u$	Diagonalmatrix der Element-Steifigkeitsmatrizen
L	Länge
L	Kinematische Operatormatrix, Vektor der Längen
N	Normalkraft
N	Interpolationsmatrix
P	Vorspannkraft
P	Matrix der Gewichte der Messungen
Q	In Wandversuchen aufgebrachte Normalkraft
Q_{eff}	Normalkraft im Wandversuch auf der Höhe des unteren Lagers
Q_u	Normalkraft beim Bruch
T	Kompatibilitätsmatrix
V	Querkraft, Volumen
a	Element-Knotenverschiebungsvektor
c	Kohäsion
d	Durchmesser
e	Exzentrizität der Normalkraft
e_0	Exzentrizität der Normalkraft auf der Höhe des unteren Lagers
f_x	Prüfwert der Druckfestigkeit von Mauerwerk in x-Richtung
f_y	Prüfwert der Druckfestigkeit von Mauerwerk in y-Richtung
h	Höhe des Versuchskörpers
i	Anzahl
j	Anzahl
k	Anzahl
l	Länge
l	Vektor der Längen
m	Anzahl
n	Anzahl

p	Gewicht der Messung
r	Korrektur
r	Vektor der Korrekturen
t	Wanddicke
x	Koordinate senkrecht zu den Lagerfugen
x	Vektor der Koordinatenzuwächse
y	Koordinate parallel zu den Lagerfugen
z	Koordinate senkrecht zur Wandebene
u	Verschiebung in x-Richtung
u	Verschiebungsvektor
v	Verschiebung in y-Richtung
w	Verschiebung in z-Richtung
Δ	Determinante, Temperaturänderung
Δ	Vektor der Temperaturänderungen
Π	Potentielle Energie
α	Winkel zwischen x- und ξ-Achse, Koeffizient, Wärmedehnzahl
α	Koeffizientenvektor
β	Winkel, Koeffizient
γ	Schiebung, Koeffizient
ε	Dehnung
ε	Verzerrungsvektor
η	Koordinate in horizontaler Richtung
ϑ	Fussverdrehung bei Wandversuchen
ϑ_u	Fussverdrehung beim Bruch
ξ	Koordinate in vertikaler Richtung
σ	Normalspannung
τ	Schubspannung
φ	Winkel der inneren Reibung
χ	Krümmung

Anhang A

Ausgleich der gemessenen Werte

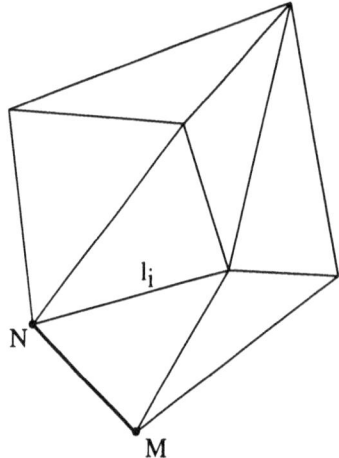

Bild A1- Messnetz

Das im Bild A1 dargestellte Messnetz sei aus Dreiecken zusammengesetzt. Die beiden Ausgangspunkte M und N definieren seine Lage in der Ebene. Gemessen seien Längenänderungen Δl_i entlang den m Strecken im Netz. Die ausgeglichenen Änderungen ΔL_i unterscheiden sich von den gemessenen um Korrekturen r_i, also $\Delta L_i = \Delta l_i + r_i$ (i=1,2,...,m) oder:

$$\Delta \mathbf{L} = \Delta \mathbf{l} + \mathbf{r}. \tag{A1}$$

Der Vektor der Korrekturen **r** kann in folgender Form dargestellt werden [28]:

$$\mathbf{r} = \mathbf{T}\mathbf{x} - \Delta \mathbf{l}. \tag{A2}$$

Die Terme des Vektors **x** sind Verschiebungskomponenten der Netzknoten. Ihre Anzahl, n, ist gleich der doppelten Knotenanzahl. Um einen sinnvollen Ausgleich zu erhalten, muss $n-3<m$ sein. Die (nxm)-Matrix **T** bildet Beziehungen zwischen m Strecken und n Verschiebungen.

Der optimale Wert für die Korrekturen **r** folgt durch Anwendung des Prinzips vom Minimum der Summe der Fehlerquadrate. Dieses Prinzip wurde von Gauss unter der Annahme begründet, dass die Messfehler eine Normalverteilung aufweisen. Allen Messungen wird ein Gewicht p_i zugeordnet. Die so gewogene Fehlerquadratsumme wird minimiert. Daraus kommen als Ergebnisse die wahrscheinlichsten Werte:

$$\sum_{i=1}^{m} p_i (r_i)^2 \to \text{Min!} \qquad \text{bzw.} \qquad \mathbf{r}^T \mathbf{P} \mathbf{r} \to \text{Min!} \tag{A3}$$

Im obigen Ausdruck ist **P** eine Gewichtsmatrix, die für die unkorrelierten Messungen diagonal ist. Mit (A2) liefert (A3)

$$\frac{d}{d\mathbf{x}} (\mathbf{r}^T \mathbf{P} \mathbf{r}) = 2\mathbf{T}^T \mathbf{P} \mathbf{T} \mathbf{x} - 2\mathbf{T}^T \mathbf{P} \Delta \mathbf{l} = 0, \tag{A4}$$

und damit

$$\mathbf{x} = (\mathbf{T}^T \mathbf{P} \mathbf{T})^{-1} \mathbf{T}^T \mathbf{P} \Delta \mathbf{l}. \tag{A5}$$

Multipliziert man (A2) von links mit $\mathbf{T}^T \mathbf{P}$, so erhält man unter Berücksichtigung von (A4) den sogenannten Ausgleichungsansatz

$$\mathbf{T}^T \mathbf{P} \mathbf{r} = \mathbf{T}^T \mathbf{P} \mathbf{T} \mathbf{x} - \mathbf{T}^T \mathbf{P} \Delta \mathbf{l} = 0. \tag{A6}$$

Betrachtet man das Messnetz als ebenes Fachwerk, so lassen sich die Messungen mittels eines gewöhnlichen Finite-Element Programms ausgleichen. Die Messstrecken bilden die Fachwerkstäbe, und die Messnetzknoten bilden die Fachwerkknoten. Die Punkte M und N entsprechen den Auflagern des Fachwerks, blockieren mithin drei Freiheitsgrade. Das Fachwerk wird mit den gemessenen Längenänderungen als Zwängungen belastet. Die verschobene Lage des Fachwerks, welche durch diese Zwängung verursacht wird, ist gleichzeitig die ausgeglichene Lage unseres Messnetzes. Dabei wird angenommen, dass die Verschiebungen im Verhältnis zu den Stablängen so klein sind, dass die Gleichgewichtsbedingungen am undeformierten Fachwerk aufgestellt werden können. Die ausgeglichene Längenänderung des Stabes i ist

$$\Delta L_i = \alpha_t \Delta_i l_i + N_i \frac{l_i}{(EA)_i}, \tag{A7}$$

wobei die gemessene Verlängerung über die Temperaturdehnung $\alpha_t \Delta_i$ eingeht und N_i die zum Ausgleich erforderliche Zwangskraft bezeichnet. Die Analogie mit Gleichung (A1) ist offensichtlich. Der Ausdruck für die potentielle Energie

$$\Pi = \int_V \frac{1}{2} \varepsilon E \varepsilon \, dV = \sum_{i=1}^{m} \frac{1}{2} A_i l_i (\varepsilon E \varepsilon)_i = \sum_{i=1}^{m} \frac{1}{2} \left(\frac{EA}{l} \right)_i (\varepsilon l)_i^2 \tag{A8}$$

ist analog zum Ausdruck (A3). Den Gewichten p_i in (A3) entsprechen die Stabsteifigkeiten $(EA/l)_i$, und ε_i ist gleich $N_i/(EA)_i$. Die Minimumsbedingung für Π bringt

Anhang A

$$\frac{d\Pi}{d\mathbf{A}} = \frac{d}{d\mathbf{A}}\left(\frac{1}{2}(\mathbf{TA} - \alpha_T \Delta \mathbf{l})^T \mathbf{K}^u (\mathbf{TA} - \alpha_T \Delta \mathbf{l})\right) \qquad (A9)$$
$$= \mathbf{T}^T \mathbf{K}^u \mathbf{TA} - \mathbf{T}^T \mathbf{K}^u \alpha_T \Delta \mathbf{l} = 0,$$

wobei $\mathbf{A} = \mathbf{T}^{-1} \Delta \mathbf{L}$ den Verschiebungsvektor und $\mathbf{K}$ die Gesamt-Steifigkeitsmatrix bezeichnen. Mit $\mathbf{T}^T \mathbf{K}^u \mathbf{T} = \mathbf{K}$ und $\mathbf{T}^T \mathbf{K}^u \alpha_T \Delta \mathbf{l} = \mathbf{F}_0$ lautet (A9)

$$\mathbf{A} = \mathbf{K}^{-1} \mathbf{F}_0. \qquad (A10)$$

Die Gleichungen (A9) und (A10) haben dieselbe Form wie (A6) bzw. (A5). Die äquivalenten Knotenkräfte, die durch die angegebenen Stablängenänderungen verursacht werden, sind Terme des Vektors $\mathbf{F}_0$, $\mathbf{\Delta}$ ist der Vektor der Temperaturänderungen Δ_i, und $\mathbf{l}$ ist der Vektor der Stablängen l_i.

Anhang B

Bestimmung des Verzerrungsfeldes

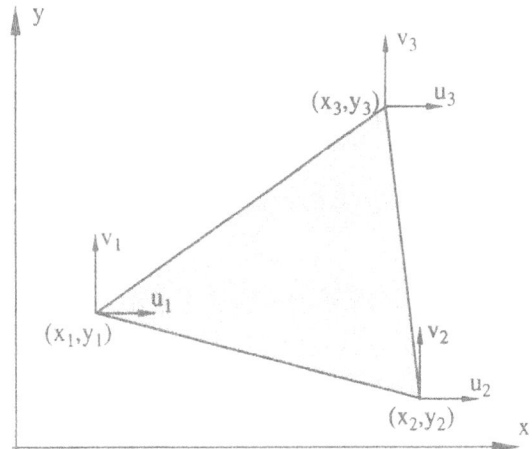

Bild B1- Messnetzelement

Das im Bild B1 dargestellte Dreieck sei ein Element des Messnetzes, und die Verschiebungen seiner Ecken seien bekannt. Setzt man voraus, dass die Verschiebung eines beliebigen Punktes innerhalb des Dreiecks eine lineare Funktion der Koordinaten x und y ist, so gilt

$$u = \alpha_1 + \alpha_2 x + \alpha_3 y$$
$$v = \alpha_4 + \alpha_5 x + \alpha_6 y \tag{B1a}$$

bzw.

$$\mathbf{u} = \mathbf{N}\boldsymbol{\alpha} \tag{B1b}$$

mit

$$\mathbf{u} = \begin{Bmatrix} u \\ v \end{Bmatrix}, \quad \mathbf{N} = \begin{bmatrix} 1 & x & y & 0 & 0 & 0 \\ 0 & 0 & 0 & 1 & x & y \end{bmatrix}, \quad \boldsymbol{\alpha} = \begin{Bmatrix} \alpha_1 \\ \alpha_2 \\ \alpha_3 \\ \alpha_4 \\ \alpha_5 \\ \alpha_6 \end{Bmatrix}. \tag{B1c}$$

Anhang B

Die Komponenten des Vektors **α** folgen aus bekannten Knotenverschiebungen **a** aus

$$\mathbf{a} = \mathbf{T}\boldsymbol{\alpha} \tag{B2a}$$

mit

$$\mathbf{a} = \begin{Bmatrix} u_1 \\ v_1 \\ u_2 \\ v_2 \\ u_3 \\ v_3 \end{Bmatrix} \qquad \mathbf{T} = \begin{bmatrix} 1 & x_1 & y_1 & 0 & 0 & 0 \\ 0 & 0 & 0 & 1 & x_1 & y_1 \\ 1 & x_2 & y_2 & 0 & 0 & 0 \\ 0 & 0 & 0 & 1 & x_2 & y_2 \\ 1 & x_3 & y_3 & 0 & 0 & 0 \\ 0 & 0 & 0 & 1 & x_3 & y_3 \end{bmatrix} \tag{B2b}$$

somit

$$\boldsymbol{\alpha} = \mathbf{T}^{-1}\mathbf{a} \tag{B3a}$$

und

$$\mathbf{u} = \mathbf{N}\mathbf{T}^{-1}\mathbf{a} = \mathbf{H}\mathbf{a}. \tag{B3b}$$

Mit der kinematischen Operatormatrix **L** folgen schliesslich die Verzerrungen

$$\boldsymbol{\varepsilon} = \mathbf{L}\mathbf{u} = \mathbf{L}\mathbf{H}\mathbf{a} = \mathbf{B}\mathbf{a} \tag{B4a}$$

wobei

$$\mathbf{L} = \begin{bmatrix} \dfrac{\partial}{\partial x} & 0 \\ 0 & \dfrac{\partial}{\partial y} \\ \dfrac{\partial}{\partial y} & \dfrac{\partial}{\partial x} \end{bmatrix} \;,\; \boldsymbol{\varepsilon} = \begin{Bmatrix} \varepsilon_x \\ \varepsilon_y \\ \gamma_{xy} \end{Bmatrix}. \tag{B4b}$$

Wegen der vorausgesetzten Linearität der Verschiebungen sind die Verzerrungen im Dreieck konstant. Es gilt

$$\mathbf{B} = \frac{1}{\Delta}\begin{bmatrix} \beta_1 & 0 & \beta_2 & 0 & \beta_3 & 0 \\ 0 & \gamma_1 & 0 & \gamma_2 & 0 & \gamma_3 \\ \gamma_1 & \beta_1 & \gamma_2 & \beta_2 & \gamma_3 & \beta_3 \end{bmatrix}, \tag{B5a}$$

wobei

$$\Delta = \begin{vmatrix} 1 & x_1 & y_1 \\ 1 & x_2 & y_2 \\ 1 & x_3 & y_3 \end{vmatrix} \tag{B5b}$$

und

$$\begin{aligned} \beta_i &= y_j - y_k \\ \gamma_i &= x_k - x_j \end{aligned} \qquad i,j,k = 1,2,3 \tag{B5c}$$

und die Determinante Δ entspricht der doppelten Fläche des betrachteten Dreiecks.

Anhang C

Verzerrungs- und Spannungstransformation

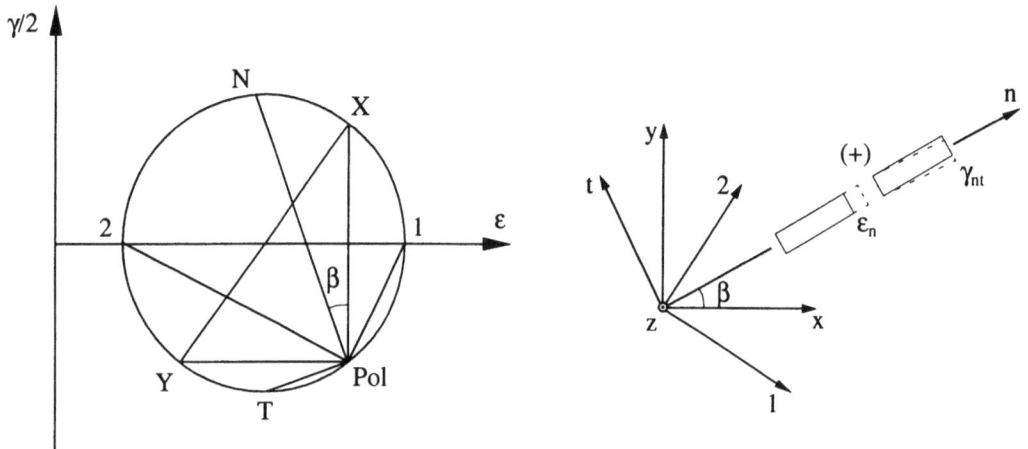

Bild C1- Mohrscher Verzerrungskreis

Mit drei bekannten, linear unabhängigen Verzerrungen, z. B. mit den Werten ε_x, ε_y und γ_{xy} ist der Verzerrungszustand in einem Punkt bestimmt. Die Verzerrungen in einer beliebigen Richtung n sind durch folgende Formeln gegeben:

$$\varepsilon_n = \frac{\varepsilon_x + \varepsilon_y}{2} + \frac{\varepsilon_x - \varepsilon_y}{2}\cos 2\beta + \frac{1}{2}\gamma_{xy}\sin 2\beta$$
$$\gamma_{nt} = (\varepsilon_y - \varepsilon_x)\sin 2\beta + \gamma_{xy}\cos 2\beta. \tag{C1}$$

Die Hauptverzerrungen bekommen wir, indem wir den Winkel β so wählen, dass die Schiebung γ_{nt} verschwindet:

$$\varepsilon_{1,2} = \frac{\varepsilon_x + \varepsilon_y}{2} \pm \frac{1}{2}\sqrt{(\varepsilon_x - \varepsilon_y)^2 + \gamma_{xy}^2}$$
$$\tan 2\beta_{1,2} = \frac{\gamma_{xy}}{\varepsilon_x - \varepsilon_y}. \tag{C2}$$

Die Beziehungen (C1) und (C2) lassen sich mit dem Mohrschen Kreis graphisch darstellen (Bild C1).

Die bei den Kleinkörperversuchen am Versuchskörper angebrachte Hauptspannung σ_2 lässt sich gemäss (C3) in die Richtungen x und y zerlegen:

$$\sigma_x = \sigma_2 \cos^2\alpha$$
$$\sigma_y = \sigma_2 \sin^2\alpha \qquad \text{(C3)}$$
$$\tau_{xy} = -\sigma_2 \sin\alpha\cos\alpha.$$

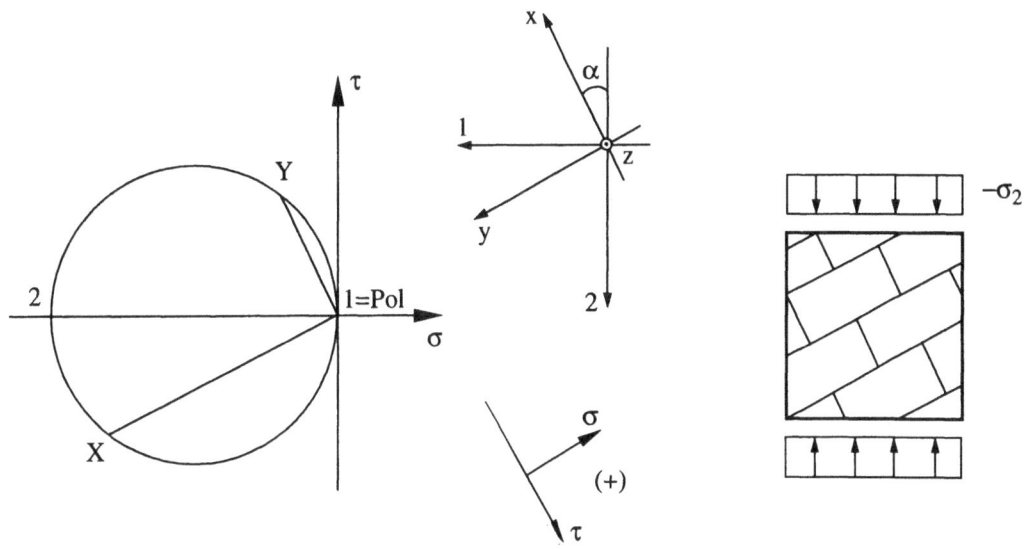

Bild C2- Mohrscher Spannungskreis für Kleinkörperversuche

Berichte des IBK beim Birkhäuser Verlag Basel (ab November 1991)

Die aufgeführten Berichte sind unter Angabe der ISBN-Nr. direkt beim Birkhäuser Verlag Basel zu bestellen. Adresse: Postfach 155, 4010 Basel (Tel. 061 721 77 84).

Thomas Keller:
Dauerhaftigkeit von Stahlbetontragwerken - Transportmechanismen, Auswirkung von Rissen
Bericht IBA Nr. 184, ISBN 3-7643-2711-1, November 1991, Fr. 65.--

C. Menn:
Bonding of Old and New Concrete for Monolithic Behaviour
Bericht IBA Nr. 185, ISBN 3-7643-2712-X, November 1991, Fr. 8.80

J.-M. Hohberg:
A Joint Element for the Nonlinear Dynamic Analysis of Arch Dams
Bericht IBA Nr. 186, Juli 1992, ISBN 3-7643-2811-8, Fr. 92.--

H. Bachmann:
Earthquake Design of Bridges - The Swiss Code Approach
Bericht IBA Nr. 187, März 1992, ISBN 3-7643-2755-3, Fr. 7.70

Konrad Moser:
Ist Erdbebensicherung im Hochbau gerechtfertigt?
Bericht IBA Nr. 188, März 1992, ISBN 3-7643-2756-1, Fr. 8.50

Menn C., Brenni P., Keller T., Pellegrinelli L:
Verbindung von altem und neuem Beton
Bericht IBA Nr. 193, August 1992, ISBN 3-7643-2825-8, Fr. 77.--

Paul Gauvreau:
Load Tests of Concrete Girders Prestressed with Unbonded Tendons
Bericht IBA Nr. 194, Januar 1993, ISBN 3-7643-2843-6, Fr. 79.--

D.P. Gauvreau:
Ultimate Limit State of Concrete Girders Prestressed with Unbonded Tendons
Bericht IBA Nr. 198, Januar 1993, ISBN 3-7643-2873-8, Fr. 66.--

Markus Petschacher:
Zuverlässigkeit technischer Systeme
Computerunterstützte Verarbeitung von stochastischen Grössen mit dem Programm VaP
Bericht IBA Nr. 199, August 1993, ISBN 3-7643-2967-X, Fr. 59.--

Peter Linde:
Numerical Modelling and Capacity Design of Earthquake-Resistant Reinforced Concrete Walls
Bericht IBA Nr. 200, August 1993, ISBN 3-7643-2968-8, Fr. 86.--

Konrad Moser:
Erdbebentauglichkeit von Stahlbetonhochbauten
Bericht IBK Nr. 201, November 1993, ISBN 3-7643-5006-7, Fr. 65.--

Viktor Sigrist, Peter Marti:
Versuche zum Verformungsvermögen von Stahlbetonträgern
Bericht IBK Nr. 202, November 1993, ISBN 3-7643-5007-5, Fr. 55.--

Nebojša Mojsilović, Peter Marti:
Versuche an kombiniert beanspruchten Mauerwerkswänden
Bericht IBK Nr. 203, April 1994, ISBN 3-7643-5060-1, Fr. 88.--

GPSR Compliance

The European Union's (EU) General Product Safety Regulation (GPSR) is a set of rules that requires consumer products to be safe and our obligations to ensure this.

If you have any concerns about our products, you can contact us on

ProductSafety@springernature.com

In case Publisher is established outside the EU, the EU authorized representative is:

Springer Nature Customer Service Center GmbH
Europaplatz 3
69115 Heidelberg, Germany